독도 가는 길

해양문화총서 001

독도 가는 길

최낙정 | 주강현 | 박찬홍 | 이재학 | 김웅서

海洋文化財團

최낙정 해양문화재단 이사장
주강현 국립제주대학교 석좌교수
박찬홍 한국해양연구원 독도전문연구센터장
이재학 한국해양연구원 기후 · 연안재해 연구부 부장
김웅서 한국해양연구원 책임연구원

독도 가는 길

펴낸날 | 2008년 11월 30일 초판 발행
2010년 11월 15일 초판 2쇄 발행
지은이 | 최낙정 · 주강현 · 박찬홍 · 이재학 · 김웅서
펴낸이 | 해양문화재단
펴낸곳 | 해양문화재단
주 소 | 서울시 종로구 인의동 28-9 인의빌딩 901호
전 화 | 741-5278 · 9 팩 스 | 3673-3312
e-mail | kocf5278@hanmail.net
http://www.ocf.or.kr
신고번호 | 제300-2008-70호

값 14,000원

잘못 만들어진 책은 바꿔 드립니다.

ISBN 978-89-93511-00-0 04980

독도 가는 길 / 지은이 : 최낙정, 주강현, 박찬홍, 이재학, 김웅서.
— 서울 : 해양문화재단, 2008
p. ; cm
참고문헌 수록
ISBN 978-89-93511-00-0 04980 : ₩14000
독도[獨島]
981.1829-KDC4
915.19-DDC21 CIP2008003428

이 책의 내용은 해양문화재단의 공식 입장은 아닙니다.
필자의 개인적 견해에 의하여 저술되었으며, 각종 자료의 취합선택도 필자 개개인에 의하여 이루어졌습니다.

〈독도 가는 길〉의 길벗과 함께 독도로 향하며

우리나라는 잘 알다시피 삼면이 바다입니다. 그러므로 바다를 잃으면 모든 것을 잃게 됩니다. 우리가 바다와 독도에 관해 공부하는 것은 확실하게 알지 못하면 제대로 대처할 수 없기 때문입니다. "독도는 우리땅" 이라고 아무리 외쳐도 소용이 없습니다. 독도가 왜 우리땅이며, 우리땅이 될 수밖에 없는지 역사적 · 해양사적 · 법적 논리를 개발하고 이를 국제사회에 널리 알려야 합니다. 무엇보다 중요한 일은 우리 스스로 확신하고 이론으로 무장하는 것입니다.

독도는 우리의 해양력을 시험하는 잣대임이 분명합니다. 러 · 일 전쟁터가 독도 근해였음은 제국의 각축이 언젠가 다시금 독도 주변에서 재현될 수도 있음을 시사합니다. 그야말로 지금은 천년대계의 해양력을 설계할 때입니다.

일본의 탐욕은 비단 독도에서 그치지 않습니다. 우리는 "동해물과 백두산이 마르고 닳도록" 이라고 애국가를 불러왔는데 일본은 동해가 아니라 일본해라 합니다. 우리는 교과서에서 당연히 동해를 동해라고 써왔으나 세계지도 표기의 90% 이상은 동해East Sea보다 일본해Sea of Japan로 되어 있습니다.

곳곳에서 이와 같은 일들이 벌어지고 있고 앞으로 더욱 치열하게 전개될 것이기 때문에 국가해양력을 제고하는 일에 해양문화재단이 적극 나서고자 합니다.

우리 재단은 해마다 사회 각계각층의 인사들과 우리 회원들을 모시고 독도문화탐방에 나서고 있습니다. "백문이 불여일견"이라고 하였듯이 독도를 실제 체험하지 않고서는 독도를 제대로 느낄 수 없기 때문입니다. 어려운 발걸음을 내딛고 막상 울릉도에 당도하지만 기상은 좀처럼 독도상륙을 허락하지 않습니다. 독도를 한 바퀴 도는 것으로 만족해야 할 때가 많습니다. 독도는 어떤 불가사의한 섬, 신비한 영력이 그득한 섬으로 우리에게 다가옵니다.

지난 2008년 8월 30일자 뉴욕타임즈(N. Y. Times)에 의미 있는 기사가 실렸습니다. "독도 방문은 한국인들에게 인기 있는 성지순례와 같은 것(a popular pilgrimage for Koreans)"이라고 하였습니다. 그렇습니다. 어쩌면 독도 방문은 우리에게 성지순례와도 같은 것이지요. 해양문화재단은 이처럼 우리 한국인들의 영혼이 숨쉬는 독도문화탐방 행사를 매년 개최하면서 동행할 수 있는 길벗이 필요함을 절실히 느꼈고 오늘에야 부족하지만 길라잡이 책자를 펴내게 되었습니다.

시중에 나가보면 독도를 주제로 한 책이 많이 나와 있습니다. 그러나 쉽게 읽히면서도 여행의 동반자로 활용할 수 있는 길라잡이는 드문 실정입니다. 이에 우리는 사계의 권위 있는 전문가들에게 위촉하여 독도 및 울릉도를 둘러싼 여러 현상과 관점들을 두루 이해할 수 있는 〈독도 가는 길〉을 발간하기에 이르렀습니다.

독도를 둘러싼 논쟁의 역사적 전개, 국제해양법상의 제문제 등이 한 개의 독립장으로 서술되어 있어 그 부분만 읽어도 독도문제의 총체적 모습들이 개괄적이나마 명료하게 보여질 것입니다. 독도에는 사람 이외에도 다양한 생태계가 형성되어 있습니다. 이에 해양과학자들이 각 전문분야별로 독도의 자연과 생태를 서술하였습니다. 지금은 사라졌으나 독도는 바다사자 강치가 살던 바다포유류의 낙원이기도 하였습니다.

독도에 가려면 반드시 울릉도를 거치게 되어 있습니다. 사실상 울릉도와 독도는 모자母子관계입니다. 나리분지와 천부동 등 울릉도의 각 마을에 관한 정보를 수록하였고, 오징어 등 울릉도 상징물을 다섯 가지로 압축 설명하여 이해를 돕도록 하였습니다.

이 책은 누구나 부담없이 손쉽게 들고 다니면서 뱃전에서, 버스에서, 울릉도와 독도에서 독도를 실체험할 수 있도록 만든 책자이며, 책 제목도 〈독도 가는 길〉입니다. 독도 여행의 동반자와 함께 독도에 관한 애정이 보다 깊어지고, 우리 바다에 대한 사랑도 한없이 커지는 계기가 되기를 기대해 봅니다.

우리 해양문화재단은 향후 바다에 관한 각종 연구총서도 발행할 예정입니다. 재단이 본격적으로 펴내게 될 시리즈물 중에서 첫 번째 책으로 독도를 선택하게 된 것은 그만큼 국민들께 손쉽게 다가가고 가장 긴박한 바다

문제 중의 하나인 독도문제를 공유하기 위함입니다. 재단과 바다에 대한 열렬한 성원을 부탁드리면서 발간사에 갈음하고자 합니다. 옥고를 보내주신 여러 필자분들, 그리고 예쁘게 책자를 만들어주신 세창출판사 편집진에게도 감사의 인사를 전합니다.

감사합니다.

2008년 가을에

독도로 떠나며

해양문화재단 이사장 최 낙 정

차 례

〈독도 가는 길〉의 길벗과 함께 독도로 향하며

독도의 자연환경과 생태계

독도의 지질환경_ 박찬홍 _14

독도의 해양물리환경_ 이재학 _22

독도의 자연환경과 생태계_ 김웅서 _38

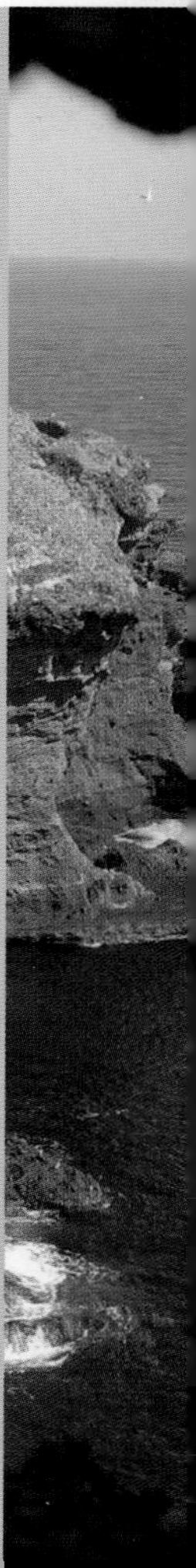

독도의 국제해양법상 지위_ 최낙정

들어가며 _60

독도는 무주물이었는가? _63

일본 시마네 현의 고시는 효력이 있는가? _75

독도가 역사적으로 일본고유의 영토? _81

광복과정과 그 이후의 독도 _92

국제사법재판소에 독도 문제를 회부하자는 주장에 대한 반론 _104

독도와 배타적 경제수역 _108

1998년 한일어업협정과 독도 _115

앞으로의 과제 _123

독도 · 울릉도 기행_ 주강현

독도 문제의 역사 · 문화적 고찰 _132
독도 이해법 _144
울릉도의 주요 마을 _154
울릉도와 독도의 상징물 _192
독도 · 울릉도 역사 문화 연표 _218

참고문헌 _221

독도의 자연환경과 생태계

박찬홍, 이재학, 김웅서

우리나라 동쪽 끝에 자리 잡은 섬 독도. 우리나라 섬 중에서 가장 육지에서 멀리 떨어진 섬이기도 하다. 멀리서 보면 커다란 바위가 바다 한가운데 우뚝 솟아올라 적막하게 보인다. 그러나 다가갈수록 독도는 황량한 무인도가 아니라 수많은 생명체가 깃들어 살고 있는 생명력이 넘치는 섬이라는 것을 깨닫게 된다.

독도의 자연환경과 생태계

독도의 지질환경

그 어느 때보다 국민의 독도에 대한 관심과 사랑이 뜨거운 때다. 마음 같아서는 단걸음에 찾아가 독도를 직접 보고 땅도 디뎌보고 싶을 것이다. 그러나 독도는 생각처럼 가까이에 있는 섬이 아니다. 독도가 처한 난해한 지정학적 위치로 접근이 쉽지 않다. 이러한 접근의 난해성과 지속적인 투자 부족으로 독도를 제대로 알 수 있는 기회와 정보도 많지 않았다.

다행히 최근 들어 독도에 대한 국가적 지원과 투자가 늘어나면서 독도를 보다 상세하게 들여다볼 수 있게 되었다. 동해상에 떠있는 듯이 보이는 작은 섬 독도가 얼마나 거대한 섬이며, 얼마나 무궁무진한 세계를 품고 있는지 차차 밝혀질 것이다.

최근 한국해양연구원, 한국지질자원연구원, 국립해양조사원 등을 중심으로 독도 육지 및 해저에 대한 지형과 지질구조에 대한 연구가 이루어졌다. 연구결과 상세하게 밝혀진 우리 땅 독도를 제대로 이해하고 새로운 의미를 알아본다.

사람이 들어갈 수 있는 물의 깊이는 50m 정도이다. 그렇지만 독도해저 모습을 파악하기 위해선 2500m 깊이까지 내려가야 한다. 퇴적물로 덮여 있는 독도기반암까지 알려면 더 깊은 해저 땅속까지도 볼 수 있어야 한다. 그렇다면 그 깊은 바다 속 독도의 지형과 구조는 어떻게 알 수 있을까?

산에 올라 소리치면 자신의 소리가 되돌아온다. 그것을 메아리라고 하는데 이것은 소리가 다른 봉우리에 부딪쳐 다시 돌아오는 현상이다. 소리가 다시 돌아오는 시간은 소리가 가서 부딪치는 봉우리까지 거리와 비례한다. 소리가 부딪치는 봉우리가 멀면 멀수록 소리도 늦게 돌아온다. 소리의 왕복은 고유한 속도가 있어 공기와 물을 통과하는 속도가 다르다. 이러한 고유의 속도를 이용하여 소리가 닿는 곳까지의 거리로 환산한다.

즉 배 위에서 바다 속 해저면에 소리를 보내 해저면에 부딪치고 돌아오는 시간을 측정하면 물의 깊이를 알 수 있다. 이 원리를 이용하여 독도 주변 바다 속 깊이를 상세하게 잴 수 있고 그 자료들을 모으면 해저지형도 된다. 좀더 강한 소리를 보내면 해저 바닥을 뚫고 더 깊은 땅속으로 들어갔다가 단단한 지반을 만나면 부딪치고 되돌아온다. 이를 통해서 해저 땅속의 구조도 알 수 있다.

이러한 원리를 잘 응용하면 독도주변해저의 지형자료는 물론 평면적인 영상을 얻을 수 있다. 영상을 통해 독도 주변 해저에 깔려 있는 암반, 모래, 패각편 무덤 등의 분포와 형태, 가라앉은 배나 닻 등의 인공물체들도 볼 수 있다. 이러한 음향 원리를 응용한 첨단 관측장비로 독도의 해저모습을 상세히 밝혀냈다.

바다 속에 잠겨 있는 독도의 모습은 웅장했다. 우리가 보는 독도는 기껏해야 높이가 170여m에 폭이 약 1000m에 불과하다. 그러나 그 독도를 받치고 있는 진짜 독도의 몸체는 높이가 2000m를 넘고 상부 대지 지름이 12km에 하부 지름은 30여km에 이르는 거대한 해저화산체이다. 독도를 포함하는 독도해산은 수심 약 200m까지는 거의 평탄한 파식대지를 형성하고 있으며 지름이 무려 12km에 이른다(: : 독도 화산체).

독도화산체 상부 대지 전체 넓이는 여의도의 8배나 된다. 이와 같은 파식대지는 폭풍 등에 의해서 일어나는 강한 파랑에너지가 침식작용을 일으켜 형성되고 오랜 시간 침강 과정을 거쳐 현재에 이른 것이다. 독도는 이 파식대지에서 남쪽으로 약간 치우쳐져 있으며 화구륜crater rim의 일부로 보인다.

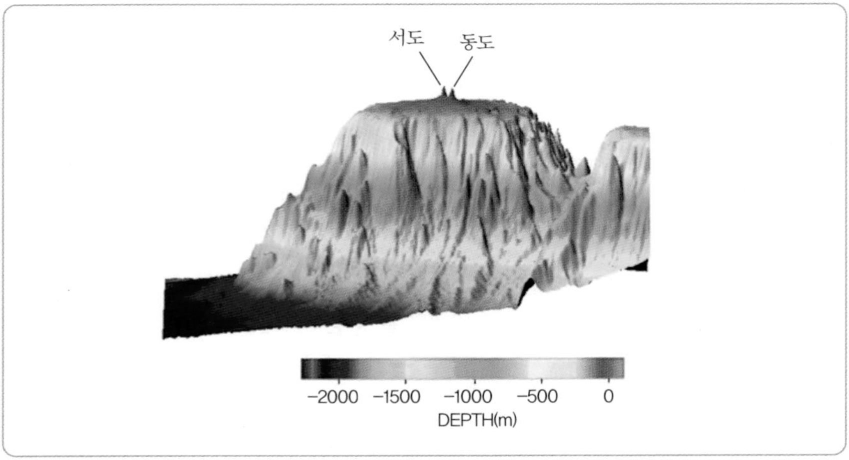

: : 독도 화산체

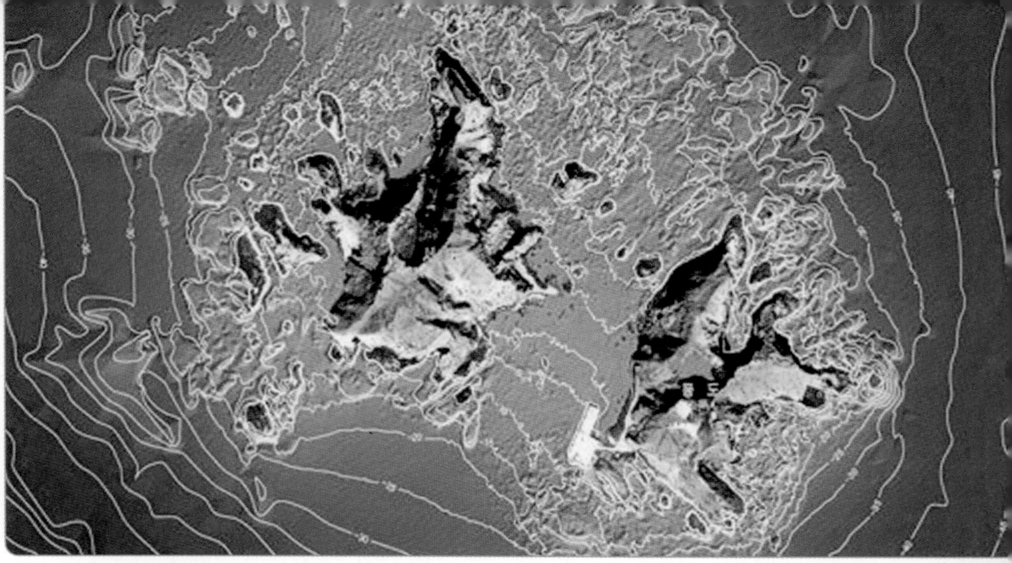

∷ 독도 인근 해저 분포(한진정보통신)

독도 반경 1km 이내 연안 해저는 10m 이내로 매우 얕은 수심이다. 노출암이나 수중 돌출암 등이 불규칙하게 산재되어 있다[∷독도 인근 해저 분포(한진정보통신)].

이러한 노출암, 간출암 및 수중 돌출암은 서도의 남서 인접해저에서 특히 발달해 있다.

독도는 신생대 제3기 말에서 제4기 초의 화산활동에 의해서 형성된 화산도다. 중성 내지 염기성의 점성이 적은 조면암질 집괴암 및 응회암으로 구성됐다. 수심 10-20m 이내의 주변 천해지역도 유사한 성분의 암석으로 구성되어 있다(이수광, 박혜숙, 1981).

해저 독도의 연장부는 동도-서도를 잇는 방향으로 길게 발달해 있으며 전체적으로 완만한 경계의 비대칭 원추형이다. 남서쪽 방향은 약 8°의 경사도라 상대적으로 가파르게 깊어진다. 북서쪽과 북동쪽으로는 약 3°의 경사도로 서쪽보다 완만하게 깊어진다. 서쪽은 약 400m, 북서쪽은 길이 450m, 폭 200m 정도의 파식대가 길게 북쪽으로 연장되어 있다. 이 파식대는 부분적으로 간출암을 이룬다.

서도의 북서쪽이 다른 지역에 비해서 파식대, 바다퇴적sea stack, 바다동굴sea cave 등이 잘 발달하고 있는 것은 서풍 혹은 북서풍에 의한 강한 파랑에너지가 주요 원인이다(김우관, 1996). 서도 주변 해저는 동도 주변 해저에 비해서 노출암이나 수중 돌출암이 빈번하며 해저가 매우 불규칙하게 분포하고 있다. 동도와 서도 사이의 수로는 1-10m 분포의 얕은 수심을 이루고 있다.

독도 접안부두 인접지역은 수심이 5-8m 정도이고 접안부두의 북동쪽 끝부분 주변은 3-4m로서 더 얕아진다. 접안부두 남쪽 지역은 20m부터 접안부두 쪽으로 점차 얕아져 접안부두 바로 남쪽은 약 10m 내외의 수심을 유지하고 있다.

지금까지의 연구에 따르면 독도의 분화구의 위치를 두고 견해가 엇갈리고 있다. 김우관(1996)은 독도의 지형학적인 연구에 근거하여 동도에 위치한 함몰지역이 분화구일 가능성을 제시했다. 손영관과 박기화(1994)는 독도의 단층방향 등의 자료에 근거하여 독도의 북동쪽 수백m 지점을 분화구로 추정하였다.

2004년 한국해양연구원에서는 독도의 육상 정밀지질조사와 해저탐사 결과를 근거로 보다 구체적인 결과를 내 놓았다. 그 결과에 의하면 독도칼데라 규모는 장경이 약 2.5km, 단경이 약 1.5km 정도이다. 독도는 독도칼데라의 일부분으로서 분화구의 남단에 위치한다.

독도화산체는 현재 해수면으로부터 대기 하에 노출된 지역이 최고 168m이다. 해수면 아래로 수심 약 90-175m까지 아주 완만한 경사를 가지는 넓고 평탄한 정상부가 직경 약 12km 가량 형성되어 있다. 그리고 수심 200-2000m까지는 급경사를 이루는데 이러한 형태적 특징은 독도가 순상화산으로 분류된다는 것을 의미한다.

독도주변 수심 약 90-130m 사이에서 파도의 침식에 의해서 발달된 것으로 보이는 파식대와 파식절벽이 관찰되었다. 이것은 제4기 동안의 해수면 변동으로 해안을 따라 형성된 것으로 보인다(: : 독도 북동부 해저 3차원 지형). 독도 주변 바다가 최소 130m 낮아졌었던 때가 있었다는 것이다(한국해양연구원, 2007). 온난화 때문에 바닷물이 더 불어나면 독도는 더 잠길 수도 있다.

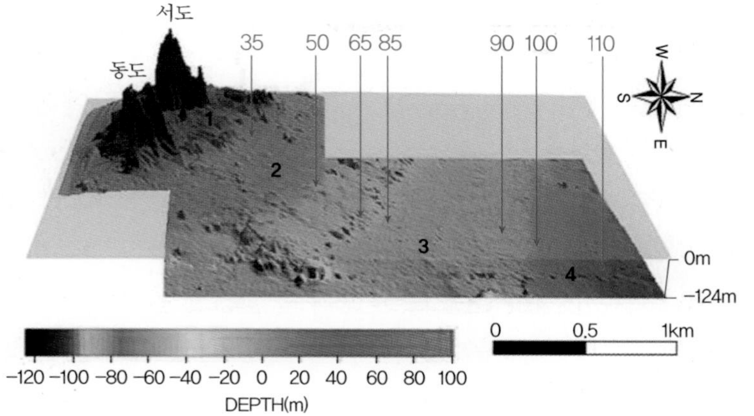

: : 독도 북동부 해저 3차원 지형

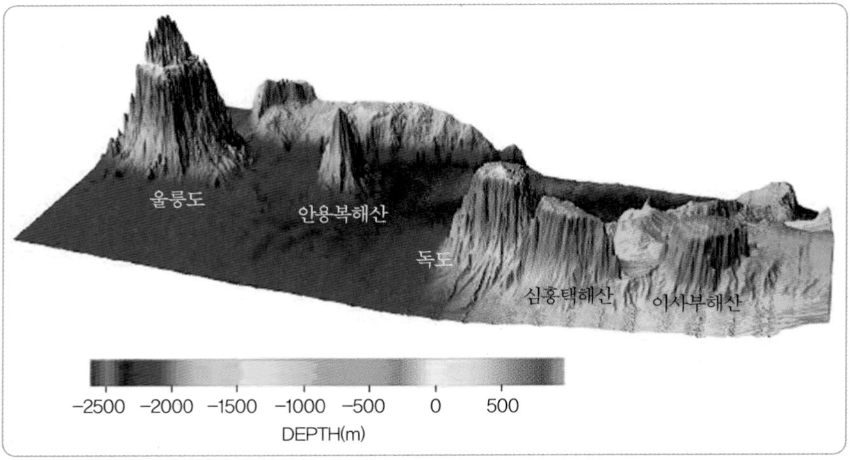

:: 독도 인근 해저산 분포

독도 주변 해저 깊은 곳으로 들어가 보면, 독도 동쪽으로는 독도만한 거대한 화산체가 2개 더 있다(:: 독도 인근 해저산 분포). 독도는 삼형제라서 외롭지 않다. 동쪽 두 해산의 이름은 심흥택해산과 이사부해산이다. 심흥택은 일본이 독도를 자국영토로 편입한 사실을 최초로 강원도 관찰사에게 알려 일본의 독도침탈을 막은 수호자이다.

독도라는 이름을 처음 쓰기도 한 심흥택은 역사적으로 독도를 지키는 데 아주 중요한 역할을 한 인물이다. 이사부는 우산국을 정벌하여 신라에 복속시키고 결과적으로 독도를 지켜내는 데 중요한 역할을 한 사람이다.

독도 동쪽으로는 울릉도가 손에 잡힐 듯, 바다 위에 보이는데 그 사이 바다 속에는 울릉도와 독도를 잇는 징검다리 해산이 거대한 규모로 솟아 있다. 이름이 안용복해산이다. 독도와 울릉도를 지켜낸 안용복 장군이 바다 속에서 지금도 독도를 지켜보고 있는 듯하다. 바다 위에서 본 울릉도와 독도는 멀리 떨어져 있어 보이지만 안용복해산이 둘을 잇는 가교 역할을 하고 있다. 그로 인해 독도는 분명히 지리, 지형학적으로도 울릉도 부속도서임이 분명하다.

울릉도 – 독도 – 심흥택해산 – 이사부해산으로 이어지는 화산체는 동쪽으로 갈수록 위 부분이 많이 마모되어 있고 더 가라앉아 있다. 동쪽 해산으로 갈수록 더 오랜 시간을 지내왔다는 것을 의미한다. 이들 화산체들은 모두 처음에는 바다 위에 솟아올라 비교적 큰 섬을 이루었을 것이다. 그 후 수백만년을 갖은 풍파에 시달렸을 것이다. 울릉도는 250만년 전, 독도는 약 460만년 전에 분출된 것으로 추정된다. 그 동쪽의 두 해산은 그보다 훨씬 더 오래 전에 만들어졌을 것이다.

큰 섬은 파도에 깎이고, 바람에 떨어지고, 스스로 조각되어 떨어지면서 점점 몸체는 작아졌다. 해저지각판 위에 놓인 거대한 화산체는 그 무게 때문에 밑에서 받치는 힘이 충분히 균형을 이룰 때까지 천천히 가라앉아 왔다. 그래서 울릉도는 더 큰 섬이고 독도는 작은 섬이 되었다. 동쪽의 두 해산은 아예 섬이었던 흔적조차 남아 있지 않다. 바다 속에 잠겨버렸기 때문이다. 이런 해저산과 화산섬들은 동해 깊은 바다와 조화를 이루고 있다.

독도와 울릉도, 그리고 안용복해산 사이에는 깊은 골이 있고 동해바닷물에 잠겨 있다. 섬과 섬 사이, 해저산과 산 사이 골도 심해 분지로 바닷물이 끊임없이 흘러와 계절에 따라 물 깊이에 따라 온도가 변한다. 그 속에 사는 생물들도 바다가 변하면 같이 따라 변한다. 그런 독도주변 바다의 변화무쌍한 모습을 보자.

독도의 해양물리환경

어떤 바다이건 해양학적 특성의 이해는 현장에서 관측된 자료의 해석을 근거로 하기 때문에 우선 독도주변의 해양조사에 대한 설명을 하기로 하자.

문헌에 나타난 독도 주변 해역의 최초 해양조사는 1787년 5월 프랑스 라 페로즈La Pérouse 탐험대에 의한 울릉도 주변의 수심측량으로 알려져 있다. 이후 1848년 4월 미국 포경선 체로키Cherokee호와 1849년 1월 프랑스 포경선 리앙쿠르Liancourt호에 의한 독도 발견 기록이 있다. 1854년 4월 러시아 군함 올리부스타Olivutsa호와 1855년 4월 영국 군함 Hornet에 의한 관측 기록도 있다.

실질적인 해양과학적 목적의 조사는 일제하 조선총독부 수산과에서 처음으로 관측 장비를 이용하여 1919년부터 1921년까지 11회에 걸쳐 이루어졌다. 울릉도와 독도 사이 5개 정점에서 수심 약 370m까지의 수온과 비중 조사를 실시한 바 있다.

건국 후 1954년에 현 국립수산과학원의 전신인 상공부 중앙수산시험장에서 독도 주변해역 수심측량, 수산물분포 및 어업실적 등을 조사했다. 울릉도와 독도 사이 6개 정점에서 해수 물성 조사를 하였다. 현 국립해양조사원 전신인 해군본부 수로과에서는 독도주변 수심 및 독도 지형측량을 하여 1/2000 축척해도를 발행한 바 있다.

국립수산과학원은 1961년부터 한반도 주변해역에 대한 정기적인 정선조사에 독도주변해역을 포함시켰다. 지금까지 매년 격월로 조사를 실시하고 있다. 국립해양조사원에서는 1983년 울릉도와 독도 사이의 해역에서 표층해류, 수온 및 수심을 측정했다. 2000년 이후에는 독도 부근 해류조사를 포함한 해양조사를 실시하고 있다.

1990년대 이후에는 한국해양연구원과 서울대학교 등 연구기관에서 해양학적 연구목적으로 국내는 물론 미국, 러시아, 일본 등이 참여한 국제 공동연구의 형태로 다양하고 정밀한 해양조사를 수행해왔다. 2006년부터 해양수산부(현 국토해양부)의 지원으로 독도의 지속가능한 이용 기본계획에 의거 종합적인 해양조사가 수행중이다.

현장에서 여러 형태의 조사를 통하여 누적된 해양 조사 자료는 인공위성에 의한 해수면 온도와 고도 등의 원격탐사 자료들과 함께 독도 주변 해역의 해양물리학적 특성을 이해하는 데 절대적인 근간이 되고 있다.

독도 주변 해역의 해수 분포를 설명하기에 앞서 독도 주변 해역의 간단한 지형학적 특성과 동해 전체의 해양물리학적 특성을 알 필요가 있다. 동해는 평균 수심 약 1680m에 약 4000m 이상의 수심이 있는 깊은 바다이다. 대한해협을 통하여 동중국해, 쓰가루 해협을 통하여 태평양, 그리고 소야 해협과 타타르 해협을 통하여 오호츠크 해와 연결된다. 그런데 이들 해협의 수심은 200m 이내로 얕다. 깊은 바다가 대부분인 동해는 외부의 바다와는 단절된 반 고립 상태의 지중해 성격을 갖는다.

동해의 심층부는 위치에 따라 남서부에 울릉 분지, 남동부에 야마토 분지 그리고 북부에 일본 분지로 알려진 세 개의 분지로 나뉜다. 울릉도와 독도 사이의 해역인 한국해저 간극(해양지명위원회는 2005년 12월 7일자 관보에 해양수산부 고시로 울릉도-독도 사이의 심해수로를 국문으로 '한국해저 간극',

영문으로 'Korea Gap'으로 명명하였음.)을 통하여 울릉 분지와 일본 분지가 연결된다.

동해의 해수 분포 특성은 네 곳의 해협을 통하여 태평양과 오호츠크 해에서 유입되고 빠져나가는 해수의 수급과 관련된다. 동해 표층은 대략 남북 방향으로 나누어져 북쪽은 수온이 낮은 냉수괴 해수가, 남쪽은 수온이 높은 난수괴 해수가 분포한다.

이 중 따뜻한 해수는 대부분 태평양 쿠로시오 수가 동중국해를 통과하

: : 독도 등대

여 공급된 것이다. 여름철에는 양자강 등으로부터 유입된 염분이 낮은 해수가 영향을 미치기도 한다. 울릉도와 독도 부근의 해역은 평균적으로 이러한 난수괴 분포의 지배를 받고 있는데 끊임없는 해수의 운동에 의하여 해수의 성질, 즉 수온과 염분이 다른 해수가 통과한다.

반면 깊은 수심의 해수 분포 특성은 동해 내부에서 발생하는 독립적인 해양 운동에 의하여 조절된다. 심층의 해양 운동은 절대적으로 지형의 영향을 받는다. 그러므로 독도 주변의 심층 해수 분포는 울릉 분지와 한국해저

: : 울릉도의 일출

간극에서의 심층 해수의 운동이 주요 조절 요인이다.

바다는 대기의 바람보다는 느리고 일정한 방향은 없지만 어디에서든 물이 끊임없이 움직인다. 그러나 어떤 해역에서는 방향성을 가지고 지속적인 움직임을 보이는데 이러한 해수의 흐름을 해류라고 한다. 즉, 바다의 강인 셈인데 동중국해에서 대한해협으로 해수를 이동시키는 해류인 쓰시마 난류대마 난류는 대한해협을 통과하면서 두 개 또는 세 개의 해류로 분리되어 동해의 북쪽과 동쪽으로 흐르게 된다. 동해안을 따라 북쪽으로 향하는 해류를 한반도의 동쪽을 따라 흐르는 난류라는 의미로 동한 난류라 부른다. 이 해류는 북위 37.5도 정도에 이르러 동쪽으로 방향을 바꾸어 일본 홋카이도 남쪽의 해협인 쓰가루 해협을 향한다.

해양에서도 대기에서와 마찬가지로 전선이 존재한다. 대기에서 서로 다른 성질을 가진 기단의 경계에 전선이 형성되듯이 성질이 다른 바닷물이 접하는 해역에서는 수온이나 염분이 수평적으로 급격하게 변하는 전선이 형성된다. 북상하던 동한 난류는 북쪽에서 상대적으로 찬 냉수괴와 접하게 된다. 냉수괴와 동한 난류는 수온의 변화가 크므로 그 사이에 전선이 나타난다. 여기에서 냉수괴의 근원은 북한 한류와 연결되어 동해안을 따라 남쪽으로 흐르다가 동쪽으로 방향을 바꾸어 흐르는 해류로 수송되는 해수이다. 이 전선을 통상적으로 극전선으로 부르는데 그 위치와 모양이 일정하지 않고 변화가 매우 크다. 일반적으로 극전선은 동한 난류가 형성되지 않거나 약한 경우를 제외하고 울릉도 북쪽에 형성되기 때문에 독도 인접해역은 난수괴의 지배를 더 많이 받는다(∷동해 표층의 난류 및 한류).

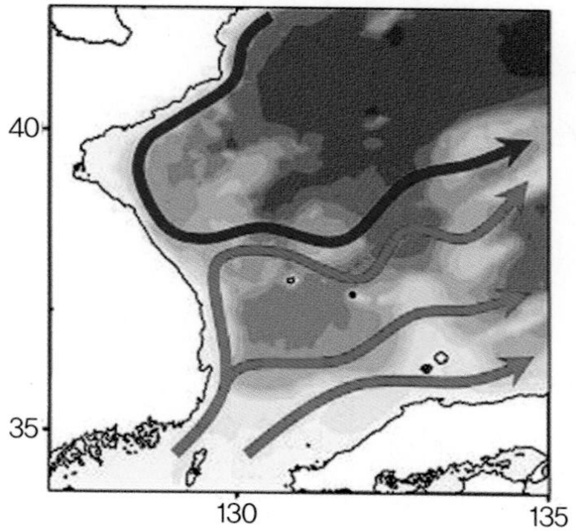

:: 동해 표층의 난류 및 한류

한편, 해양에서는 물이 시계방향 또는 반시계방향으로 회전하는 현상인 소용돌이eddy, 와동이라고도 함가 존재한다. 강에 건설되어 있는 다리 교각에서도 물이 흘러가는 쪽에 빙글빙글 회전하는 흐름들이 나타난다. 이러한 소용돌이는 기체와 액체에 관계없이 발생하는 유체 운동의 한 가지이다.

바다에서의 소용돌이는 해류와 함께 바다의 날씨를 결정하는 가장 중요한 해양 현상이다. 다양한 크기로 형성되며 직경 수백 km까지 나타난다. 선박에서의 관측이나 고정된 지점에 설치된 조사 장비를 이용한 관측 및 인공위성 원격탐사에 의한 관측 결과 전 세계의 바다는 소용돌이로 가득 채워졌다 할 만큼 가장 일반적인 해양 현상의 하나이다.

최근의 해류 관측 결과 동한 난류가 동해 연안에서 분리되어 동쪽으로 흐르다 일부가 남서쪽으로 재순환하는 과정에 울릉도 부근에서 난수성 소용돌이(소용돌이 내부가 외부보다 수온이 높음)를 형성함을 알게 되었다. 이 소용돌이는 수 개월에서 1년 이상까지도 유지된다. 상대적으로 규모가 작은 냉수성 소용돌이(소용돌이 내부가 외부보다 수온이 낮음)도 형성되고 있음이 알려졌다. 이 난수성 소용돌이는 시계방향의 흐름을 유지하며 수백m 이상의 깊이까지 영향을 미친다. 통상 '울릉난수성소용돌이Ulleung warm eddy'라 부른다.

또한, 반시계방향으로 회전하는 냉수성 소용돌이는 미국 연구팀이 2년여의 연속 관측 결과 난수성 소용돌이 형성 해역보다 남동쪽인 독도 남쪽 해역에서 자주 형성되어 울릉 분지 내부에서 서쪽으로 이동하는 것이 관측되었다.

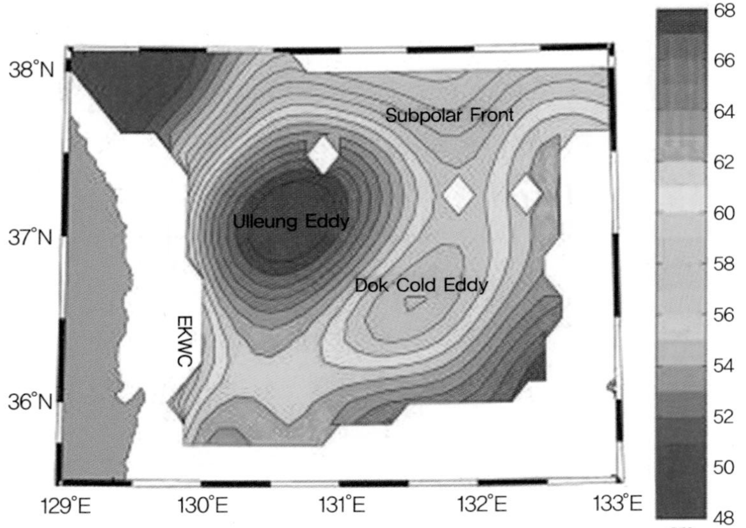

: : 울릉난수성소용돌이와 독도냉수성소용돌이를 나타내는 관측분석 자료의 예(Mitchell, 2005)

2005년 미국의 해양물리학자 미첼(Mitchell) 박사는 독도의 이름을 붙여 '독도냉수성소용돌이Dok cold eddy'로 명명한 논문을 발표한 바 있다[: : 울릉난수성소용돌이와 독도냉수성소용돌이를 나타내는 관측분석 자료의 예(Mitchell, 2005)].

독도 주변 해역의 상층해역의 수괴는 앞에서 설명한 극전선의 위치와 사행의 정도, 울릉난수성소용돌이와 독도냉수성소용돌이의 유무 및 이동에 의하여 조정된다.

인공위성 적외선 영상에 의한 해수면 온도 분포는 인공위성에서 관측한 동해의 해수면 온도의 분포도이다. 여름철에는 태양복사열에 의한 수온 상승으로 남북방향의 수온 차이가 뚜렷하지 않다. 그러나 다른 계절에는 많은 소용돌이와 구불구불한 전선의 사행이 있음을 잘 보여준다. 수온과 염분

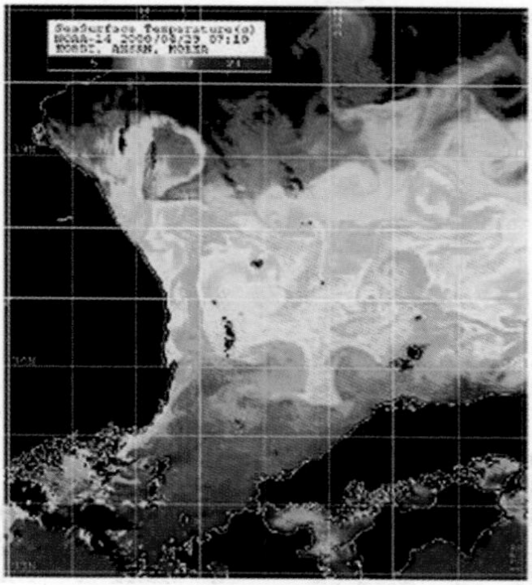

: : 인공위성 적외선 영상에 의한 해수면 온도 분포(2000년 4월 29일)

값의 변화는 이와 같은 해수 운동 외에 대한해협을 통하여 공급되는 대마난류수와 중국 연안수의 유량, 그리고 강수량, 바람 및 태양복사열 등에 의하여 결정된다.

이제 표층을 떠나 더 깊은 수심대의 해수 특성을 보기로 하자. 바다는 기후조절자라고 한다. 이는 바다가 기후변화의 가장 중요한 요소인 물, 열, 온실가스의 용량이 대기의 그것보다 월등하게 크며 바다 내에서 이들을 재분배하는 거대한 순환시스템이 있기 때문이다. 이러한 순환시스템을 열염순환이라고 하며 컨베이어벨트라고도 부른다.

표층을 흐르던 물이 그린랜드와 남극대륙 부근의 극지 해역에서는 수온 저하와 바람의 영향 등으로 무거워져 가라앉으면서 저층수로 바뀌어 전대양 심층수의 근원이 된다. 이 심층수는 이동 중 몇몇 해역에서 상층으로 떠올라 상층순환계를 따라 흐르다가 다시 극지 해역까지 이르게 된다. 마치 컨베이어벨트를 연상시키는 이 순환시스템을 따라 이동하는데 1000년 단위의 시간이 소요되는 매우 느린 흐름이다. 이 순환계의 강도에 변화가 일어나면 지구 기후는 급변하게 된다.

대양에서 발생하는 해양 현상이 거의 모두 일어난다 하여 축소판 해양, 모형 해양 또는 장난감 해양으로 일컫는 동해에서도 이러한 열염순환이 있다. 해양학자들은 동해의 열염순환계의 시간적 크기가 100년 단위로 대양보다는 훨씬 빠를 것으로 판단한다. 이 때문에 동해는 대양의 변화 과정을 이해하고 예측하는 데 아주 좋은 곳이다.

동해에서 심층수가 형성되는 해역은 블라디보스토크 앞바다를 비롯한 북부 해역이다. 겨울철 이곳에서 형성된 무거운 심층수는 염분이 낮은 특성을 가지는데 주축은 동해안을 따라 남하하면서 울릉 분지 쪽으로 공급된다. 일본 분지 쪽에서도 한국해저 간극을 통하여 울릉 분지로 공급되고 있음이 밝혀지고 있다. 이 해수는 소용돌이 아래나 극전선 아래 수백m 수심대에 분포하여 동해중층수라는 이름을 갖고 있다. 이 동해중층수 세력의 변화도 독도 해역의 해수 특성 분포를 결정하는 요소가 된다.

보다 깊은 수심대의 해수 특성을 설명하기 전에 해양에서 수온 분포의 일반적인 연직구조를 설명하기로 하자. 해양에서 수온의 수직적인 분포를 보면 해수면으로부터 수십m 깊이까지는 해수의 강한 흐름과 바람에 의하여 혼합이 가장 활발하기 때문에 깊이에 따라 수온이 거의 일정하다. 이 부분을 혼합층이라 한다. 혼합층 아래에서부터는 수심에 따라 수온이 급격히 떨어지는데 이를 수온약층이라 한다. 수온약층보다 깊은 수심의 부분을 심층이라 부르며 대양에서는 1000m보다 깊은 곳의 수온이 2℃ 이하로 내려가 아주 차다.

울릉 분지에는 100~200m 깊이에서도 2℃ 이하의 찬물이 분포한다. 난수성 소용돌이가 있는 곳에서는 냉수의 출현 수심이 깊어지기도 한다. 또한, 0.2℃까지 낮아지는 극저온수가 대양보다는 낮은 깊이인 1000m 수심에서부터 분포한다. 울릉 분지는 해수의 양으로 보아 대부분 2℃ 이하의 매우 찬물이다. 따라서 근래 시작된 국내 해양심층수 사업의 자원 보고라 할 수 있다.

일반적으로 섬 주위 해양은 조류(조석에 수반되는 반복성 해수 흐름)나 해류와 같은 흐름과 지형 사이의 마찰로 인하여 물의 혼합이 왕성한 난류상태를 유지하게 된다. 컵 속의 물을 막대로 휘저어주면 물이 잘 섞이는데 역으로 막대를 고정시키고 컵을 움직여도 마찬가지이다. 섬을 고정된 막대로 생각하면 섬 주변의 해수 운동이 섬과 마찰을 일으키고 이에 따라 바닷물이 상하 방향으로 잘 섞이게 되는 것이다. 수온이 높은 상층의 해수와 상대적으로 낮은 하층의 해수가 섬 주위에서 더 강하게 혼합된다면 상층은 섬에 가까울수록 먼 곳보다 수온이 낮아진다. 이러한 효과를 섬에 의한 혼합효과라 하며 우리나라는 여름철 서해 흑산도 주변에서 잘 관측된다.

흑산도 주변의 경우에는 상하층의 수온 차이가 10℃ 이상으로 매우 크기 때문에 수직혼합에 의한 섬주위 표층수온의 낮아짐 현상이 매우 뚜렷하게 나타난다. 섬에 의한 해수 혼합현상이 독도 주변에서도 나타나는 것으로 최근 관측결과 밝혀졌다. 지금까지의 한국해양연구원에서 관측한 자료로

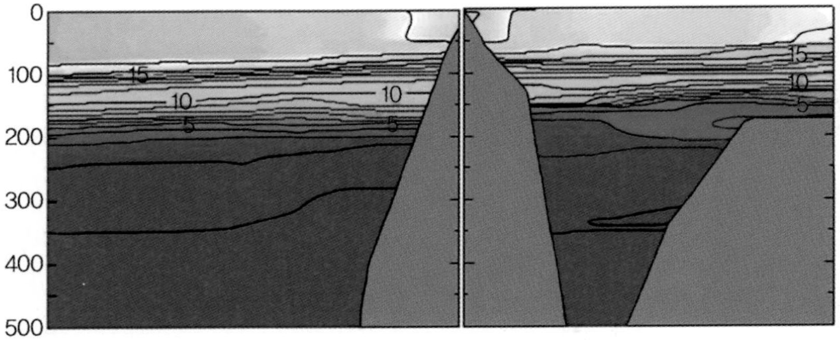

: : 독도 주변 동서방향 단면상 수온의 수직분포(2006년 11월)

▌독도 주변 상층이 외해역보다 독도의 해류와 독도 사이의 마찰로 수직혼합이 되어 수온이 낮다.

보면 독도 주변해역에서 섬 효과에 의한 해수 혼합이 뚜렷했던 경우와 그렇지 않았던 경우로 구분된다[::독도 주변 동서방향 단면상 수온의 수직분포(2006년 11월)].

두 차례의 가을철 관측에서 독도 주변에서 표층수온이 먼 해역에 비해 약 1℃ 낮게 나타나는 것이 뚜렷하여 이를 독도 효과Dokdo effect로 명명하였다. 봄철 관측에서는 해수의 수직혼합이 명확하게 보이지 않은 결과를 나타냈다. 수직혼합이 활발한 경우와 그렇지 않은 경우의 이유를 분석하기 위해서는 독도주변 해역 상층의 전반적인 해황 특성, 특히 유속장 분포로부터 접근하는 것이 타당하다.

그러나 관측 기간 동안 유속 자료가 없었기 때문에 간접적으로 인공위성 관측 해수면온도 영상 자료를 확인했다. 그 결과 독도 주변에 소용돌이가 분포하지 않거나 해류가 통과하지 않은 경우, 즉 독도 주변에서 유속장이 매우 약했을 경우에는 혼합효과가 크지 않은 것으로 나타났다. 독도 해역의 조류의 유속은 수 cm/sec로 미약하기 때문에 독도 주변에서의 섬 효과는 섬 주위의 조류보다는 수괴 이동과 관련된 유속장에 의하여 조절되고 있는 것으로 보인다. 즉, 섬 주위의 해수 흐름의 유속이 어느 정도 이상을 넘어서는 경우에 섬 지형과 마찰에 의한 난류상태의 강화로 해수의 수직 혼합이 왕성하게 된다는 의미이다.

지금까지의 연구 결과를 토대로 독도효과를 요약하면 다음과 같다. 독도 주변 해역에서는 해수 흐름과 섬 지형의 마찰로 인한 난류효과 강화로 해수의 수직혼합이 크다. 수직혼합 결과 섬 주위의 수온이 낮아지는 특성이 관측된다. 섬 지형에 의한 수직혼합의 영향은 수평적으로 수심 200m에 해당되는 해역의 범위에서 상층 약 80m 수심까지 두드러지게 나타난다.

섬 효과에 의한 수직혼합은 섬 주위의 조류보다는 독도 주변 해역에서 소용돌이와 극전선의 사행 등 광역적인 해황특성을 지배하는 해양현상에 수반되는 물의 흐름에 의하여 조정될 가능성이 높다. 독도 주변에서의 냉수괴 분포와 미생물 및 무기영양염분포는 높은 상관성을 보이며 해수의 수직혼합이 해수 중 물질을 재분배시키는 데 큰 역할을 하는 것을 알 수 있다. 이는 나아가 해양생태계에도 영향을 미칠 것임을 시사해 준다.

예를 들면, 심층에 영양염이 풍부하게 분포할 경우 수직혼합과정을 통하여 심층의 영양염이 상층으로 이동하게 되며 이는 클로로필 번성에 영향을 주게 된다. 독도 주변에서도 이러한 과정이 일어나고 있을 가능성이 있다. 독도 주변의 수중 암초는 자연 어초로서의 역할을 하고 독도 효과에 의한 영양염의 혼합으로 독도가 자연 해양목장이 될 가능성을 그려본다.

앞서 설명한 바 있지만 물이 끊임없이 움직이는 것은 깊은 수심에서도 마찬가지이다. 운동의 세기가 약할 뿐이다. 심층 해류도 존재한다. 대양에서 관측되는 심층 해류는 해양학 이론에 의하면 등심선을 따라 흐르는 경향이 강하다. 국내 연구진에 의한 울릉도 부근 같은 동해 내부의 심층류 관측은 1990년대 중반까지 전무하였다.

1996년부터 한국해양연구원, 서울대 및 부경대 등의 참여하에 울릉도와 독도 사이 한국해저 간극 5개 지점에서 수심 약 350m 아래의 심층 해류 관측을 해오고 있다. 울릉도와 독도 중간에 위치한 지점에서는 10년 이상

관측이 지속중이어서 가장 오랜 기간의 해류 시계열 자료가 획득된 상태이다. 이들 자료를 분석한 결과 울릉도와 독도 사이의 심층 유속장 특성과 그 변동성이 파악되고 있다. 여기에서는 서울대 연구팀이 분석한 결과를 바탕으로 심층류 특징과 이들의 변동성을 설명하기로 한다.

한국해저 간극의 심층 흐름의 가장 큰 특징은 동쪽과 서쪽에서 서로 반대 방향으로 흐르는 왕복 구조라는 점이다. 대부분의 한국해저 간극에서는 일본 분지로부터 울릉 분지로 향하는 흐름이 있다. 동쪽 독도 부근에는 울릉 분지로 들어왔던 해수가 일본 분지로 나가는 강한 북향 해류가 있는 것이 밝혀졌다.

특히, 독도 인근의 심층 흐름은 지속적이며 관측 기간 동안 최대 유속이 약 33.9cm/s까지 나타났다. 일반적인 심층류 유속인 수 cm/s보다 훨씬 강한 것으로 관측되었다. 서울대 연구팀은

: : 동도 오르는 길

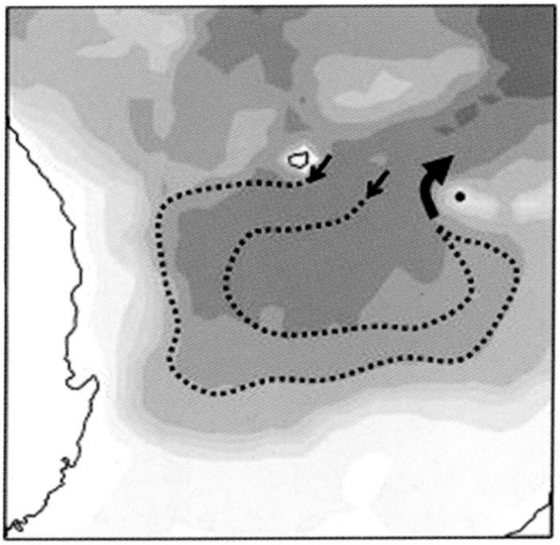

:: 심층류 흐름도

| 울릉도와 독도 사이의 심해에서는 대부분 일본 분지에서 울릉 분지로 해수가 유입되고 독도 부근에서 강한 해류(독도 심층류)를 타고 빠져 나간다.

이러한 흐름이 지속적으로 존재하므로 이를 독도심층류Dokdo Abyssal Current로 명명하여 2008년 국제 학계에 보고한 바 있다(:: 심층류 흐름도).

기후변화는 이제 전 세계인의 화두다. 기후변화의 핵심은 '상승'이라는 단어로 표현할 수 있다. 수온이 상승하고 해수면이 상승한다. 육지건 바다건 생태계의 경계도 극지를 향하여 올라간다. 육지 생태계 경계의 고도도 높은 곳으로 올라간다.

이러한 변화는 동해에서도 명확하게 나타나고 있다. 지금까지의 연구 결과들은 우리나라 주변해역의 해양 변화의 강도는 전세계 해양의 평균적인 변화 강도보다 크다는 것을 보여주고 있다. 인공위성에서 관측한 고도계

자료 등의 분석 결과는 울릉도와 독도 해역의 해수면 상승률이 조석자료를 기준으로 분석한 연안의 해수면 상승률과 유사하다.

보고서에 따르면 최근 30년간 해수면은 연 3.2mm 상승했고 최근 9년간은 연 6.5mm로 크게 상승중이다. 이러한 해수면 상승은 전 지구 해양 평균의 약 두 배의 상승률이며 최근 들어 상승률의 가속화 경향도 매우 특징적이다. 해수면 상승률이 큰 이유는 동해의 수온 상승이 전 지구 해양의 평균 수온 상승보다 크다는 것에 기인한다.

동해 표층 수온의 변동은 1980년대 중반 이후 연 0.06℃ 상승폭을 보이고 있다. 계절적인 구분 없이 상승 경향을 나타내고 있다. 1990년대 중반 이후 CREAMS(한국, 일본, 러시아 등이 참여한 동해 순환 연구 국제 프로그램) 연구사업의 관측 결과 동해 심해의 수온이 상승하고 용존산소가 감소하고 있음이 밝혀졌다.

한국해저 간극의 중앙 지점에서 10년 이상 장기 관측한 수온 자료를 서울대 연구팀 분석한 결과 400m 이하에서 수온은 연 0.0016-0.014℃ 증가했다. 2000m에서의 수온은 연 0.0019℃ 크기로 증가하고 있다. 이러한 심층수온의 증가율은 북태평양 심층수온의 평균증가율보다 약 3-6배 높다. 이는 울릉 분지 심층의 변화가 대양보다 급속히 이루어지고 있음을 증명한다. 표층수온과 심층 수온 그리고 해수면의 급격한 상승은 우리나라 해역의 기후변화의 변동폭을 가늠하게 한다.

이러한 변화의 조짐은 동해남부로부터 뚜렷하게 나타나고 있다. 동해가 아열대성 바다로 변하면서 해양생태계 역시 변할 수밖에 없다. 필연적으로 독도 부근의 해양생태계는 아열대성 어종으로 대체될 것이라 예상된다.

독도의 자연환경과 생태계

우리나라 동쪽 끝에 자리 잡은 섬 독도. 우리나라 섬 중에서 육지에서 가장 멀리 떨어진 섬이기도 하다. 멀리서 보면 커다란 바위가 바다 한가운데 우뚝 솟아올라 적막하게 보인다. 그러나 다가갈수록 독도는 황량한 무인도가 아니라 수많은 생명체가 깃들어 살고 있는 생명력이 넘치는 섬이라는 것을 깨닫게 된다.

뭍에는 철따라 해국, 구절초, 술패랭이, 갯메꽃 같은 야생화가 피어나고, 많지는 않아도 거센 바닷바람을 이겨내고 자라는 사철나무나 해당화 같은 나무도 눈에 띈다. 하늘에는 괭이갈매기가 고양이 울음소리를 내며 먹이를 찾아 날고 있다. 바닷가 바위는 따개비, 거북손, 고둥, 군부 천지다.

뭍보다 물속은 더 활기차며 화려하다. 바다 속에는 감태, 대황 같은 해조류가 숲을 이룬다. 그 사이를 가지각색의 물고기들이 헤엄치고 있다. 또 알록달록한 갯민숭달팽이는 아름다운 자태를 뽐내며 춤을 추는 듯하다. 독도는 우리가 흔히 생각하는 외로운 바위섬이 아니라 뭇 생명들이 활기차게 삶을 이어가는 곳이다. 독도는 뭇 생명의 고향이다.

고은 시인은 그의 시 '독도'에서 독도가 그 누구의 고향도 아니라고 운을 띄웠지만 결국은 그 누구에게도 고향이었다고 마무리 짓고 있다. 멀리서 보기에 풀포기 하나 자라지 않을 것 같지만 직접 가서 보면 생명의 경외감을 느낄 수 있는 곳이 바로 독도이다. 참고로 고은 시인의 '독도'를 음미해 보자.

:: 괭이갈매기의 비상

그 누구의 고향도 아니었다
단 한 번도 갓난아기 없이
동해 난바다 한복판
목쉰 늙은 갈매기 울음조차
쌓이는 파도소리에 묻혀
그 누구의 고행도 아니었다
아무에게도 알리지 않고 솟아올라

먼 바다일망정
하필 거기 솟아올라
그토록 오래 바윗덩이의 묵언인 채
그 누구의 고향도 아니었다

그러나 그 누구 있어 먼 곳으로 길을 떠나
함부로 돌아올 수 없을 때
그곳이야말로 고향을 넘어
어쩔 수 없는 패배로부터 일어서서
하늘가 뜨거운 낙조에 담겨 파도소리 이상이었다

일찍이 그 누구도 거기에 가지 못한 이래
바람의 세월 몇천 년 동안
오직 그곳만이 파도소리에 묻혀
그 누구도 태어나지 않는 곳
먼 곳 자지러지게 떠도는 동안
그 누구에게도 끝내 고향이었다
오오, 동해 독도

독도에는 헬기장이 있어 헬리콥터를 타고 갈 수도 있지만, 일반인들은 통상 배를 타고 가야 한다. 하늘에서 내려다본 독도는 기골이 장대한 바위섬이다. 동도와 서도가 떡 하니 양쪽에 버티고 있고, 그 주위를 크고 작은

∷ 동도에서 본 서도의 탕건봉

바위섬들이 마치 호위라도 하듯 에워싸고 있다.

이 가운데 삼형제굴바위, 촛대바위, 군함바위 등과 같이 모양을 딴 이름의 바위섬도 있다. 서도 끝에 우뚝 솟은 탕건봉을 내려다보노라면 힘찬 독도의 정기가 몸 안으로 스며드는 것 같다.

하늘에서 내려다본 독도도 장관이지만, 배를 타고 가면서 바라보는 독도도 장관이다. 오히려 바다에서 올려다보는 독도의 경치가 더 힘차 보인다. 특히 배가 점점 독도에 접근하면서, 시시각각으로 커지는 독도의 모습은 우리를 압도한다. 이곳이 정녕 정겨운 우리 생물들이 숨 쉬고 있는 우리나라의 동쪽 끝 독도이다.

우리나라 대부분 섬들은 사람들의 발길이 닿으면서 자연환경이 크게 훼손되었다. 바닷가는 쓰레기로 뒤덮이고, 물속에는 아무렇게나 버려진 폐그물, 적조현상으로 물고기가 집단 폐사하는 등 곳곳에서 바다가 몸살을 앓고 있다.

그러나 독도는 육지에서 200km 이상 떨어져 있고, 그 동안 사람들이 쉽게 접근할 수 없었기 때문에 자연환경이 비교적 잘 유지되고 있다. 또 독도 주변 해역은 한류와 난류가 만나기 때문에 한류성 해양생물과 난류성 해양생물이 모두 서식한다. 그래서 독도주변 해역은 동해 먼 바다 어느 곳보다도 다양한 생물군이 공존한다.

독도는 동해를 건너 시베리아로 이동하는 철새들의 중간 기착지이기도 하다. 먼 길을 여행하는 새들이 독도에서 고단한 날개를 쉬어간다. 이러한 자연환경과 생태적인 중요성 때문에 정부는 독도를 1982년 11월 4일 천연기념물 제336호로, 1997년 12월 13일 「독도 등 도서지역 생태계 보전에 관한 특별법」에 의해 특정 도서로, 1999년 12월 10일 문화재청 고시 제1999-25호에 따라 독도천연보호구역으로 지정하여 특별 관리하고 있다. 2000년에는 환경부 고시 제2000-109호에 의해 특정 도서로 지정되었다.

독도의 선착장은 동도에 있다. 동도에는 등대, 경비대, 헬기장 등 시설물이 많고 경비대원과 항로표지원이 상주한다. 최근에 관광객들의 방문이 많아 환경이 훼손되지 않을까 싶어 염려스럽다. 반면 서도는 어업인 대피소와 물골까지 건너가는 계단만 있어 사람의 왕래가 잦지 않다. 그래서 갈매기들도 사람이 상주하는 동도보다는 서도 쪽에 둥지를 더 많이 튼다.

: : 동도 전경

©김웅서

: : 코끼리바위(동도)

바다 한가운데 있는 독도는 전형적인 해양성 기후를 보인다. 연 강수량은 1240mm로 우리나라 평균 강수량과 거의 비슷하다. 그렇지만 육지처럼 장마철인 여름에 집중적으로 비가 내리는 것이 아니고, 강수량이 연중 고른 편이다. 겨울에는 눈이 많이 오지만 경사가 심하고 바닷바람이 강해 눈이 높이 쌓이지는 않는다.

독도의 연평균 기온은 약 12℃이며, 겨울인 1월의 평균 기온은 1℃, 여름인 8월의 평균기온은 23℃이다. 서울의 1월 평균 기온이 -2.6℃이고, 8월의 평균기온이 25.4℃이므로 서울보다 온도차이가 적은 셈이다. 서울과 위도가 거의 비슷한데도 1월 평균기온이 높고 여름 평균 기온이 낮은 이유는 독도가 바다 한가운데 있기 때문이다.

우선 독도의 육상 생태계부터 살펴보자. 독도는 바위섬이라 씨가 뿌리를 내리고 싹을 틔울 수 있는 흙이 많지 않다. 풀 한 포기 자라기에도 힘든 환경이다. 비가 내리면 흙은 빗물에 쓸려 경사면을 타고 흘러내린다. 토양은 항상 건조하고 소금기 머금은 해풍이라도 강하게 불면 간신히 뿌리를 내렸던 식물도 말라버린다.

독도는 화산이 폭발할 때 흘러나온 용암이 굳어져 만들어졌다. 이 화산

∷ 하늘에서 본 서도

암이 270만년이라는 오랜 세월 동안 풍화되며 만들어진 흙이 땅을 얇게 덮고 있다. 쌓인 흙은 깊이가 고작 30cm 정도이다. 사람의 발길이 닿지 않는 서도의 암석은 풍화가 많이 되어 기반암에서 쉽게 떨어져 나온다.

독도는 식물이 자라기에 결코 좋은 환경은 아니다. 하지만 갖은 풍상에 시달리면서도 꽃을 피운 야생화들이 봄이 되면 독도를 화려하게 장식한다. 한낱 풀 한 포기도 강인하게 생명을 지켜내는 모습을 보면 경외감마저 든다.

식물의 씨앗은 바람에 실려서 또는 파도를 타고 육지에서 독도로 옮겨 왔을 것이다. 새나 곤충이 옮겼을 수도 있다. 사람의 왕래가 빈번해지면서 우연히 묻어온 씨들도 있을 것이다. 경비대에 물품을 보급하는 통로를 따라 개갓냉이와 민들레가 피어 있다. 보급품에 딸려 독도로 건너와 꽃을 피웠을까.

우리가 흔히 달개비라고 부르는 닭의장풀도 사람들의 왕래로 울릉도에서 독도로 유입된 것으로 알려져 있다. 해송, 사철나무, 섬백리향 등은 독도에 나무심기 행사를 하면서 사람들이 인공적으로 심은 나무들이다. 또 술패랭이, 기린초, 벌개미취와 같은 야생화를 심기도 했다. 독도 생태를 조사하다 보면 새로운 식물이 발견되는 경우도 있지만 예전 조사 때는 있었던 식물이 나중에 발견되지 않는 경우도 있다.

독도처럼 면적이 좁은 섬의 육상 생태계는 외부 환경의 영향을 쉽게 받는다. 예를 들어 1966년 독도경비대가 토끼 한 쌍을 풀어놓았는데 그 숫자가 늘어나 식물이 피해를 본 일이 있었다고 한다. 초식동물인 토끼 숫자가 늘어나면서 당연히 뜯어먹는 풀의 양도 늘어나게 됐다. 그러다 보니 독도에서 더 이상 볼 수 없게 된 풀도 있었다고 한다. 토끼는 1980년대 후반까지만 해도 숫자가 늘어나고 야생화되어 독도의 식생에 큰 피해를 준 것으로 보고

되었다. 그런데 1990년대에 들어서면서 토끼들이 사라져 버렸다고 한다. 먹이가 부족해서 자연 도태되었는지 사라진 이유에 대해서는 확실하지 않다.

독도에서 보고된 식물은 약 80종에 달한다. 민들레, 질경이, 구절초, 개여뀌, 참억새, 강아지풀, 참나리, 사철나무, 해송, 해당화, 술패랭이꽃, 명아주, 해국, 개머루처럼 친숙한 식물도 있다. 그렇지만 소루쟁이, 갯까치수염, 괭이밥, 땅채송화, 큰조롱, 방가지똥, 섬장대, 도깨비고비, 섬괴불나무, 왜젓가락나물, 쇠비름, 갯괴불주머니, 기린초, 댕댕이덩굴, 박주가리, 털머위, 돌피처럼 생소하지만 재미있는 이름을 가진 식물도 있다.

독도에서 발견된 곤충은 50여 종이다. 어떤 종류의 곤충이 있나 살펴보면 잠자리 2종류, 집게벌레 1종류, 메뚜기 2종류, 노린재 9종류, 매미 8종류, 풀잠자리 1종류, 딱정벌레 15종류, 파리 8종류, 나비 7종류 등이다. 곤충 종

: : 갯괴불주머니(좌), 땅채송화(우)

류로는 딱정벌레가 가장 많은 종을 차지한다. 독도에서 발견된 곤충 가운데는 우리가 익히 알고 있는 왕잠자리, 귀뚜라미, 다양한 종류의 노린재, 애멸구, 칠성무당벌레, 바구미, 집모기, 집파리, 꽃등에, 호랑나비도 있다.

봄이 되어 번식기가 시작되면 독도의 하늘은 온통 괭이갈매기로 가득하다. 고양이 울음소리처럼 들리는 괭이갈매기의 울음소리가 파도소리와 묘한 앙상블을 이룬다. 바위틈이나 풀숲 사이에는 어김없이 괭이갈매기의 둥지가 있다. 심지어 경사가 가파른 절벽에도 용케 둥지를 틀고 앉았다. 둥지 속에는 2-3개의 타원형 알이 들어 있다. 곧 새로운 생명이 태어나 독도

ⓒ김웅서

∷ 괭이갈매기(좌), 괭이갈매기알(우)

의 하늘을 수놓을 것이다.

초여름이 되면 새끼 갈매기들은 어미처럼 자유자재로 날기 위한 날갯짓 연습에 들어간다. 독도의 하늘은 괭이갈매기들이 내는 소리로 시끌시끌하기까지 하다. 혹한이 몰아닥치는 겨울을 제외하고 독도의 하늘은 결코 외롭지 않다. 독도에 사는 바닷새로는 괭이갈매기, 쇠가마우지, 바다제비, 슴새 등이 있다. 독도가 천연기념물 336호로 지정된 것도 바다제비, 슴새, 괭이갈매기의 번식지로서의 중요성 때문이다.

5월에 관찰되는 새는 해오라기, 황로, 흑비둘기, 매, 괭이갈매기, 개똥지빠귀, 바다직박구리, 멧새, 딱새, 되새, 방울새, 까마귀 등 30여 종에 달한다. 그리고 10월 독도에서 관찰되는 새는 솔개, 매, 황조롱이, 흑비둘기, 종다리, 노랑할미새, 딱새, 개똥지빠귀, 쑥새, 촉새, 되새, 방울새, 섬참새 등 20여 종이다. 계절에 따라 종 숫자가 다른 것은 봄, 가을 철새들이 이동하다가 날개를 쉬기 위해 독도에 잠시 머물기 때문이다. 현재까지 독도에서 발견된 새 종류는 120종이 넘는 것으로 알려져 있다.

예전에는 독도 주변 바위섬에 해양 포유류인 강치가 많이 살았다. 그러나 일제 강점기 때 일본 어부들이 가죽과 기름을 얻기 위해 강치를 남획하는 바람에 지금은 거의 찾아볼 수 없다. 강치는 사라졌어도 강치들이 앉아 쉬던 바위는 가제바위라는 이름으로 아직 남아 있다. 강치 또는 가제라고도 불려 가제바위라는 이름이 붙었다.

울릉도 주민들은 최근에도 가끔 독도 주변에서 강치를 목격한다고 한다. 그러나 예전처럼 독도 주변의 평평한 바위섬에 떼를 지어 누워 있는 모

©김웅서

∷ 삽살개

습은 더 이상 볼 수 없다. 멸종 위기에 처해 있는 동해의 강치를 보호할 대책이 마련되어야 한다.

독도에 자생하는 육상 포유류는 없다. 그러나 사람이 들여온 포유류는 있다. 앞서 언급한 토끼가 있었고, 현재는 경비대에서 기르는 삽살개가 유일하다. 삽살개가 우리나라 고유종이고 독도라는 국제정치적인 특수성을 감안할 때 독도에 삽살개를 데려다 놓은 취지는 이해할 만하다. 그러나 생태학적으로 보면 앞서 토끼의 경우처럼 문제점이 발생할 수도 있다.

조사차 7-8년 전 갈매기의 번식기인 5월에 독도를 방문할 당시 목격한 사실이다. 사람보다 큰 삽살개들이 부두에서 우리를 마중했다. 워낙 개를 좋아하는지라 반가운 마음이 앞섰다. 그러나 삽살개가 괭이갈매기가 품고 있던 알을 깨어먹는 것을 보고는 걱정이 앞섰다. 섬이라는 좁은 공간에서는 삽살개의 이런 행동이 의외로 생태계에 큰 영향을 미칠 수 있다.

오스트레일리아에 사는 '딩고'라는 동물은 원래 오스트레일리아에는 없던 포유류로 사람이 기르던 가축을 데리고 들어온 것이 야생동물화한 것이다. 딩고는 오스트레일리아에서 생태계를 교란시키는 골치 아픈 존재가 되었다. 마치 황소개구리나 파랑볼우럭블루길과 같은 외래종이 우리나라에 들어와 토종 생태계를 교란시켜 놓은 것처럼 말이다. 독도에서 양서류와 파충류가 발견되었다는 기록은 아직 없다.

이제 독도의 해양생태계를 살펴보자. 독도의 바다 속은 그야말로 생명력이 넘친다. 파도에 몸을 맡긴 해조류들이 너울너울거린다. 우거진 해조류와 대비되어 물고기들의 비늘색이 더욱 화려해 보인다. 바다 속 식물은 육상 식물과 반대로 오히려 겨울에 더 무성하게 자란다. 추운 겨울이 되면 잎이 다 떨어져 앙상한 나뭇가지만 남는 육상식물과는 대조적이다. 대신 해조류는 수온이 올라가는 여름이 되면 엽상체가 녹아버려 오히려 황폐한 모습을 보인다.

독도에서 볼 수 있는 해조류 가운데 색깔이 녹색인 녹조류로는 청각, 구멍갈파래, 염주말, 매생이 등이 있다. 갈색을 띠는 갈조류로는 대황, 감태, 모자반, 미역, 곰피가 있다. 그리고 붉은색을 띠는 홍조류로는 둥근돌김, 우뭇가사리, 산호말 등이 자라고 있다. 독도에 사는 해조류는 총 160여 종이 알려져 있다. 독도 주변 바다 밑바닥은 해조류가 붙어 살 수 있는 단단한 암반이라 해조류가 무성하게 자란다. 무성한 해조류 숲은 동물이 살기에 최적의 장소다. 먹이도 공급해 주고 적으로부터 몸을 숨길 수 있는 장소도 제공한다.

암반에 달라붙어 살거나 바닥을 기어 다니는 해양생물이 있다. 우리는 이런 생물을 저서생물이라 한다. 바닥에 사는 바닥살이 생물이란 뜻이다. 바닷가 바위에는 따개비와 홍합이 빈틈이 없을 정도로 다닥다닥 붙어 있다. 군부와 거북손도 군데군데 바위틈에 단단히 붙어 있다.

또 두드럭고둥, 애기삿갓조개, 대수리, 좁쌀총알고둥, 바다방석고둥, 진주배말과 같은 연체동물에 속하는 복족류가 있다. 연체동물은 조개나 오징

ⓒ김웅서

: : 독도의 수중세계(EPC)

어처럼 몸이 말랑말랑한 동물이다. 복족류는 그 가운데 껍질이 하나인 고둥 같은 종류이다. 독도에는 게나 새우처럼 단단한 껍질을 가진 갑각류도 있으며, 말똥성게, 보라성게, 해삼, 아무르불가사리와 같은 극피동물도 있다. 극피동물은 몸에 가시가 돋은 종류를 말한다. 해삼과 성게, 그리고 앞서 이야기하였던 복족류에 속하는 소라와 전복은 독도의 중요한 수산자원이다.

독도와 울릉도의 주요 수산자원으로 빼놓을 수 없는 것이 바로 오징어이다. 봄에서부터 가을까지 오징어잡이 철이 되면 밤바다가 온통 불야성을 이룬다. 불빛에 모여드는 습성을 가진 오징어를 유혹하기 위해 오징어잡이 배에 매달아 놓은 집어등이 대낮처럼 불을 밝히기 때문이다. 예전에는 바닷

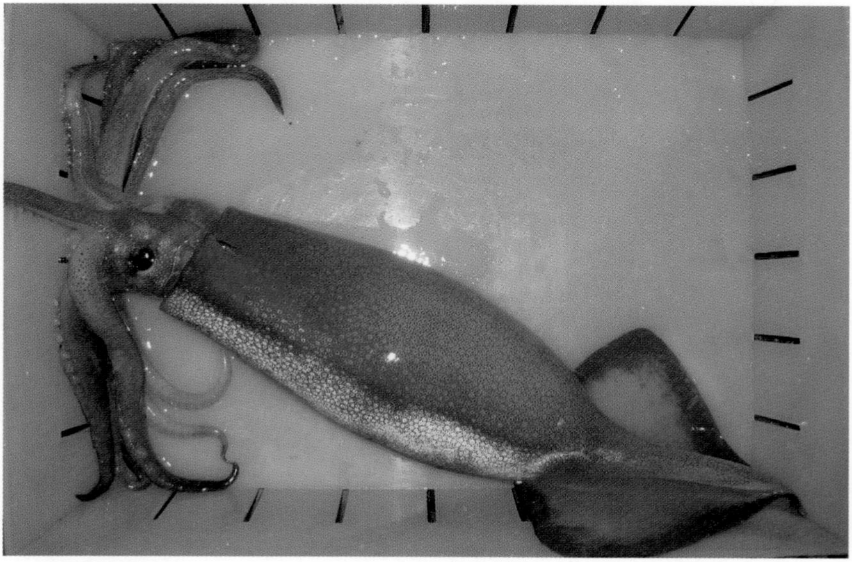
ⓒ김웅서

∷ 독도에서 잡힌 오징어

물이 찬 겨울에는 오징어가 잡히지 않았다. 요즘은 지구온난화의 영향으로 바닷물의 수온이 올라가 겨울철에도 오징어가 잡힌다.

독도 주변해역은 수산자원이 풍부한 곳이다. 수산자원이 풍부한 데는 다 이유가 있다. 쿠로시오 난류에서 갈라져 나온 대마 난류는 대한해협을 지나 동해로 들어온 뒤 북쪽으로 흘러 울릉도와 독도의 해양환경에 큰 영향을 미친다. 따뜻한 대마 난류는 독도 근처에서 찬 북한 한류와 만나기 때문에 생물의 종류가 다양하다.

또 독도주변에서는 소위 '섬 효과' 때문에 해양생물이 풍부하다. 섬 효과는 영양염류가 풍부한 바닷물이 흐르다가 섬을 만나 심층에서 표층으로 올라오는 용승작용으로 나타난다. 식물이 잘 자라려면 비료를 주어야 하듯 영양염이 풍부한 심층수가 표층으로 올라오면 표층에 있는 식물플랑크톤이 잘 자란다. 그러면 이것들을 먹고 사는 동물플랑크톤이 늘어나게 된다. 당연히 동물플랑크톤을 먹는 작은 물고기와 또 작은 물고기를 먹는 큰 물고기들이 몰려드니 수산자원이 풍부해질 수밖에 없다.

독도 주변해역에서 발견된 식물플랑크톤은 규조류, 와편모조류, 규질편모조류 등이 있다. 식물플랑크톤은 육지에서 식물이 하는 역할을 담당한다. 즉 햇빛을 받아 스스로 영양분을 만든다. 생산자인 식물프랑크톤이 풍부해야 해양생태계가 잘 유지될 수 있다.

독도 주변해역에서 발견된 동물플랑크톤 종류는 관해파리류, 해파리류, 요각류, 지각류, 패충류, 단각류, 십각류, 유형류, 난바다곤쟁이류, 화살벌레류, 살파류, 그리고 다양한 동물의 부유성 유생 등이 포함된다. 식물플

: : 독도의 일출

랑크톤과 동물플랑크톤은 대부분 크기가 작기 때문에 일반인들이 맨눈으로는 알아보기 힘들다. 그러나 눈에 보이지 않더라도 독도 주변해역을 황금어장으로 만든 장본인들이다.

알려진 독도 주변의 어류자원은 100종이 넘는다. 이 가운데 우리가 익히 이름을 알고 있는 어류로는 멸치, 방어, 고등어, 전갱이, 돌돔, 혹돔, 정어리, 청어, 명태, 대구, 꽁치, 연어, 볼락, 도루묵, 자리돔, 쥐치, 참가자미 등이 있다. 이름이 낯설지만 철갑둥어, 달고기, 쥐노래미, 부시리, 해포리고기, 어렝놀래기, 청황베도라치 등도 독도에 사는 물고기이다.

:: 독도 조사

대마 난류의 영향으로 바닷물의 온도가 올라가는 계절에는 독도 주변 해역에서도 아열대해역에서나 볼 수 있는 청줄돔, 줄도화돔, 일곱줄얼게비늘 같은 물고기도 발견할 수 있다. 또 제주도 주변 해역에서 볼 수 있는 자리돔, 연무자리돔, 도화돔, 세줄얼게비늘 등도 독도 주변에서 발견되고 있다.

독도는 아름다운 주변 경관은 물론 다양한 생물상과 풍부한 수산자원을 가지고 있어 생태적 가치가 크다. 우리가 이 자원을 지속가능하게 이용하려면 우선 독도 생태계를 잘 이해하고, 환경과 생태계를 보호하려는 노력이 필요하다. 이런 노력이 있어야만 독도의 생태계가 건강성을 유지하고 우리에게 풍요로운 선물을 줄 수 있을 것이다.

독도의 생태계를 종합적으로 이해하려는 노력은 1980년대 들어와서 한국자연보전협회, 섬연구회, 자연보호중앙협의회, 독도연구보전협회, 한국해양연구원 등에 의해 이루어졌다. 지금도 한국해양연구원에서는 지속적으로 독도의 생태계를 연구하고 있다. 독도 주변에서 새로운 생물을 찾아내 그 생물 이름에 독도 이름을 붙여 국제사회에 알리는 일도 한다. 또 독도 생태계에 대한 영문 논문을 세계적으로 유명한 학술잡지에 발표하여 독도를 알리고 있다.

많은 과학자들이 독도를 연구하고 있으나 아직 우리가 가지고 있는 자료의 양은 부족한 실정이다. 이는 전문가의 부족, 해양조사를 위한 경비 및 장비 부족 때문이다. 독도연구에 대한 지속적인 지원과 전문가의 노력이 절실히 요구된다. 가슴 뜨거운 독도사랑도 중요하다. 하지만 학술적인 연구성과가 뒷받침되어야 독도가 다케시마가 아닌 우리의 독도임을 전세계에 인식시킬 수 있다.

長白山
江原道
東海
于山島
京都
京畿
南海
對馬島

독도의 국제해양법상 지위

최낙정

독도는 우리가 제주도나 울릉도, 그리고 백령도나 홍도처럼 우리 국민이 소중히 가꾸어 나가야 할 문화유산이다. 또다시 우리의 후손들이 바다를 경시했기 때문에 영토를 빼앗겼다는 원망을 듣지 않도록 철저하게 대처해야 할 것이다.

독도의 국제해양법상 지위

들어가며

일본이 또 독도 문제를 놓고 트집을 잡고 나섰다. 한일관계를 과거사는 잠시 덮고 미래지향적 동반자 관계로 나아갈 것을 천명했던 우리 정부는 그 동반자에게 제대로 뒤통수를 한방 맞은 셈이다.

2008년 7월 14일, 일본은 정부차원에서 독도를 쿠릴열도의 4개 섬과 동일하게 규정하고 반드시 되찾아야할 일본의 영토라는 내용이 담긴 학습지도 해설서를 공표했다. 이는 이미 지난 4월 일본 외무성 홈페이지에 올린 '독도는 일본 땅' 이란 내용의 팜플렛을 통해 드러냈던 야욕의 결정판이라 할 수 있다.

우리나라 국민치고 독도가 대한민국의 영토란 사실에 대해 이론을 제기하는 사람은 아무도 없다. 독도는 역사적으로나 지리적으로 또한 국제법상으로도 엄연한 우리의 영토이다. 나아가 현재에도 우리의 주권이 완벽하게 행사되고 있는 곳이기도 하다.

:: 독도 근경

그런데도 일본은 틈만 나면 "독도는 역사적으로나 국제법상으로 일본의 영토인데 한국이 임의로 불법적 점거를 하고 있다"고 주장한다. 우리로선 참으로 터무니없고 재고의 여지가 없는 주장임이 분명하다.

그렇다면 일본은 왜 이러한 억지 주장을 계속 들고 나오는 것일까. 우리는 이 즈음해서 그들 주장의 근거가 무엇인가에 대해 보다 명확하게 분석해 볼 필요가 있다.

일본이 독도를 자국영토라고 주장하는 일본 나름대로의 논거는 크게 두 가지로 대별된다. 그 중 하나는 독도가 원래는 국제적으로 무주물이었다는 것이다. 그랬던 것을 일본이 1905년 시마네 현 고시를 통해 자국의 영토

∴ 일본외무성 발행_ 竹島 홍보자료(한국어판, 일본어판, 영어판으로 발행)

∴ 독도를 한국이 불법점유하고 있다고 주장하는 일본의 전단지

로 공식적으로 편입하였기에 무주물을 일본이 먼저 발견하여 최초로 자국 영토로 삼았으니 '무주물선점의 원칙'에 의해 일본의 땅이라는 것이다. 그런데 이러한 무주물 선점이론이 그 설득력을 잃어가자 일본은 입장을 살짝 바꾸어 독도가 역사적으로 고대부터 일본 고유의 영토였다고 주장하고 있다. 일본 외무성이 만든 「다케시마를 이해하기 위한 10가지 포인트」라는 홍보자료에서도 일본은 옛날부터 독도다케시마의 존재를 알고 있었다고 한다. 반면 한국이 옛날부터 독도다케시마를 인식하고 있었다는 근거는 없다고 주장하고 있다.

이와 같은 두 가지 일본측 주장의 논리를 철저히 반박해 보면 자연히 독도가 우리 땅이라는 결론에 도달하게 된다.

독도는 무주물이었는가?

1905년 시마네 현 고시

일본정부는 1905년 1월 20일 내각회의를 열어 독도를 일본영토로 편입하기로 결정하였다. 이 결정에 따라 일본의 내무대신은 시마네 현 지사에게 훈령을 보내 이를 관내에 고시하도록 했다. 내무대신으로부터 훈령을 받은 시마네 현 지사는 1905년 2월 22일자로 「북위 37도 9분 30초, 동경 131도 55분, 오키섬으로부터 서북으로 85해리에 위치한 섬을 죽도라 칭하고 지금 이후부터는 시마네 현 오키섬의 소관으로 한다」라고 고시하였다.

그리고 이를 일본이 독도를 자국 영토라고 주장하는 가장 기본적인 근거로 작용하고 있다. 이 고시의 근거가 되는 일본정부의 내각회의 원문을 한국어로 번역해 보면 다음과 같다.

> 별지 내무대신이 발의한 무인도 소속에 관한 건을 심사해 보니, 북위 37도 9분 30초, 동경 131도 55분, 오키도로부터 서북으로 85해리에 있는 이 무인도는 타국이 점유했다고 인정할 만한 정황증거가 없다. (중략) 명치 36년 이래 나카이 요사브로中井養三郎라는 자가 이 섬에 이주하여 어업에 종사한 것은 관계서류에 의해 밝혀졌으며 이는 국제법상 점령의 사실이 있는 것으로 인정된다. 따라서 이를 본방에 배속하여 시마네 현 소속 오키도의 소관으로 함에 전혀 무리가 없기에 발의한 대로 각의결정이 성립되었음을 인정한다.

일본정부의 당시 결정내용을 살펴보면 독도를 자국영토로 편입할 수 있었던 이유가 그때까지 독도가 무인도로서 타국이 이를 점유했다고 인정할 만한 정황증거가 없기 때문이라는 것이다. 다시 말해 독도가 그 당시까지 무주물이었다는 주장이다. 다만 나카이라는 일본인이 명치 36년(1903) 이래 독도에 이주하여 어업에 종사했기 때문에 무주물인 독도를 일본인이 먼저 점유한 셈이고, 이에 따라 독도는 당연히 일본영토에 편입되어야 한다는 것이다.

무주물에 관한 선점이론은 원래 민법상의 동산에 대한 개념으로 무주의 동산을 소유의 의사로 점유한 자는 그 소유권을 취득한다는 논리이다. 이를 국제법에서 원용하여 주인이 없는 땅을 먼저 차지하면 자국의 영토가

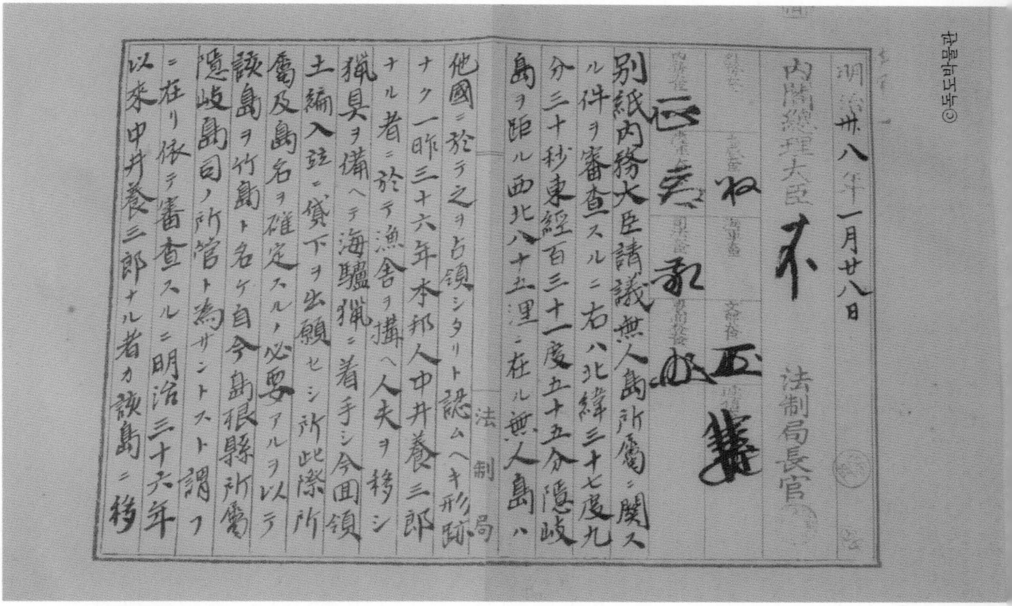
明治卅八年一月廿八日

内閣總理大臣　　法制局長官

別紙内務大臣請議無人島所屬ニ關スル件ヲ審査スルニ右ハ北緯三十七度九分三十秒東經百三十一度五十五分隱岐島ヲ距ル西北八十五浬ニ在ル無人島ハ他國ニ於テ之ヲ占領シタリト認ムヘキ形跡ナク一昨三十六年本邦人中井養三郎ナル者ニ於テ漁舎ヲ構ヘ人夫ヲ移シ猟具ヲ備ヘテ海驢猟ニ着手シ今回領土編入并ニ貸下ヲ出願セシ所此際所屬及島名ヲ確定スルノ必要アルヲ以テ該島ヲ竹島ト名ケ自今島根縣所屬隱岐島司ノ所管ト為サントスト謂フニ在リ依テ審査スルニ明治三十六年以來中井養三郎ナル者カ該島ニ移

: : 독도를 비밀리에 편입시킨 시마네 현 고시

된다는 선점의 이론이 탄생하였다. 다분히 식민지 시대의 제국주의적 사고를 엿볼 수 있는 이론임이 분명하다.

설사 이 이론을 인정한다 하더라도 국제법상 선점에 의하여 영토를 취득하기 위해서는 먼저 그 대상지역이 주인이 없는 땅이거나 포기한 지역이어야 하고, 그 지역을 영토로 취득하겠다는 국가의 의사표시와 더불어 이를 대외적으로 공포하여야 하며, 실효적 지배가 계속되어야 한다는 등의 요건을 충족시켜야 한다.

그렇다면 '과연 독도는 1905년 1월 20일 전까지 주인이 없는 땅이었는가?'라는 사실관계를 먼저 확인할 필요가 있다. 이는 독도가 1905년 1월 이전에 무주지가 아니라 주인이 있는, 즉 한국영토라는 것이 증명되면 무주물 선점이론에 의한 일본정부의 주장은 국제법적으로 전혀 설득력이 없는 억지주장에 불과하다는 사실이 입증되기 때문이다.

독도는 역사적으로 우리 땅

『삼국사기』와 『세종실록』「지리지」

독도는 우리나라의 역사 기록에 분명히 등장하는 섬이다. 즉 서기 512년 신라가 우산국을 병합했을 때부터 울릉도와 함께 본도와 분도의 관계로 자리매김 되어 왔다는 것을 알 수 있다.

『삼국사기』에 따르면 서기 512년(신라 지증왕 13년) 신라는 우산국을 병합하였다. 다만 여기에서 우산국에 독도가 포함되느냐의 의문이 제기된다. 왜냐하면 『삼국사기』에는 우산국만 표현되어 있지 그 외의 섬 이름은 등장하지 않기 때문이다. 하지만 이에 대한 의문은 『세종실록』「지리지」에 기록된 내용을 통해 보다 명확하게 확인할 수 있다.

> "于山 武陵二島 在縣正東海中 二島相距不遠 風日淸明 則可望見 新羅時稱于山國(우산于山과 무능武陵의 두 섬이 현울진현: 필자 주의 정동쪽 바다 가운데 있다. 두 섬이 거리가 멀지 아니하여 날씨가 청명하면 서로 바라볼 수 있다. 신라시대에는 우산국이라 불렸다)."

三國史記卷四 二

十年春正月置京都東市三月設檻穽以除猛
獸之害秋七月隕霜殺菽
十一年夏五月地震壞人屋有死者冬十月雷
十三年夏六月于山國歸服歲以土宜爲貢于
山國在溟州正東海島或名鬱陵島地方一百
里恃嶮不服伊飡異斯夫爲何瑟羅州軍主謂
于山人愚悍難以威来可以計服乃多造木偶
師子分載戰船抵其國海岸誑告曰汝若不服
則放此猛獸踏殺之國人恐懼則降
十五年春正月置小京於阿尸村秋七月徙六

∷ 우산국의 신라병합을 기록한 삼국사기 신라본기

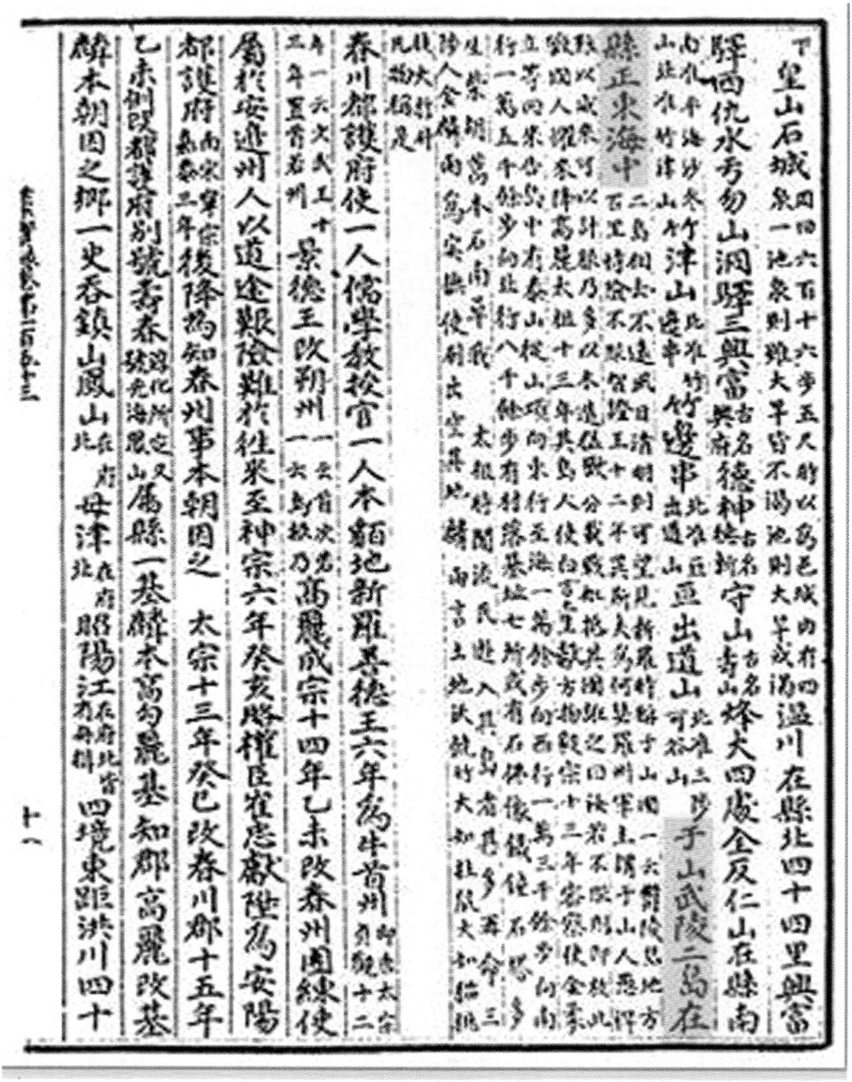

下 望山石城 周回六百十六步五尺 舊以爲邑城 內有四泉一池 泉則雖大旱皆不渴 池則大旱或渴 溫川 在縣北四十四里 興富

驛四 仇水 秀勿山 洞驛三 興富 古名興府 德神 古名德新 守山 古名壽山 烽火四處 全反仁山 在縣南 北准平海沙冬山 北准竹津山 竹津山 北准竹邊串 竹邊串 北准亘出道山 亘出道山 北准三陟可谷山 于山武陵二島在

縣正東海中 二島相去不遠 風日淸明則可望見 新羅時稱于山國 一云鬱陵島 地方百里 恃險不服 智證王十二年 異斯夫爲何瑟羅州軍主 謂于山國人愚悍 難以威來 可以計服 乃多以木造獅子 分載戰船 抵其國誑之曰 汝若不服 則卽放此獸 國人懼來降 高麗太祖十三年 其島人使白吉土豆 獻方物 毅宗十三年 審察使金柔立等回來告 島中有泰山 從山頂向東行至海一萬餘步 向西行一萬三千餘步 向南行一萬五千餘步 向北行八千餘步 有村落基址七所 或有石佛像鐵鍾石塔 多生柴胡蒿本石南草 我太祖時 聞流民逃入其島者甚多 再命三陟人金麟雨爲安撫使 刷出空其地 麟雨言 土地沃饒 竹大如杠 鼠大如猫 桃核大於升 凡物稱是

春川都護府使一人 儒學敎授官一人 本貊地 新羅善德王六年爲牛首州 一云太宗王號十二年 一云文武王十三年置首若州 景德王改朔州 一云首次若 一云烏斤乃 高麗成宗十四年乙未改春州團練使

屬於安邊 州人以道途艱險 難於往來 至神宗六年癸亥 將權臣崔忠獻 陞爲安陽都護府 南宋寧宗嘉泰三年 後降爲知春州事 本朝因之 太宗十三年癸巳改春川郡 十五年乙未例改都護府 別號壽春 淳化所定 又號光海鳳山 屬縣一 基麟 本高句麗基知郡 高麗改基麟 本朝因之 鄕一 史呑 鎭山 鳳山 在府北 母津 在府北 昭陽江 在府北 皆有舟楫 四境 東距洪川四十

世宗實錄卷第一百五十三

十八

: : 세종실록지리지(울릉도와 독도 기록의 영인 : 편집자)

우선 동해의 우산과 무능의 두 섬이 오늘날 어떤 섬을 지칭하고 있느냐의 문제이다. 동해의 지리적 특징 중 하나는 바다 중앙에 비교적 큰 섬으로 지칭될 수 있는 섬은 울릉도와 독도 외에는 없다는 점이다. 따라서 우산은 독도를, 무능은 울릉도를 의미한다고 볼 수 있다.

일본은 우산을 울릉도 주변의 작은 섬들이라고 주장하고 있으나 이들은 울릉도와 가까이 있어 날씨가 청명하지 않아도 크게 아주 잘 보인다. 동해에서 오직 날씨가 청명한 경우에만 서로 잘 보이는 섬은 울릉도와 독도밖에는 없다. 『세종실록』에는 여러 곳에서 울릉도를 무능도로 부르고 있다. 또한 17세기 이후 우리나라 고지도에는 동해의 울릉도 이외의 또 하나의 섬

ⓒ국제한국연구원 최서면 원장

∷ 울릉도에서 찍은 독도 사진_ 독도가 선명하게 보인다.

을 우산도로 표기하고 있다. 이는 바로 독도를 우산도로 불렀음을 증명하고 있다.

또한 「지리지」에 따르면 신라시대의 우산국은 울릉도와 독도를 영토로 하는 별도의 나라가 존재하였음을 명백하게 기록하고 있다. 그러기에 우산국이 신라 지증왕 13년에 신라에 병합되었다는 것은 울릉도와 독도가 신라의 영토가 되었다는 것을 의미한다.

『동국여지승람』 및 『신증동국여지승람』

조선 성종 및 중종 때 조선이 통치하는 영토내용을 규정하고 그 영토들에 대한 내력과 지리적 해설을 정리한 『동국여지승람』 및 『신증동국여지승람』에 따르면 강원도 울진조에 "于山島 鬱陵島: 一云 武陵 一云 羽陵 二島 在縣 正東海中(우산도 울릉도: 무능이라고도 하고 우릉이라고도 한다. 두 섬은 현의 동쪽 바다 가운데에 있다)"라고 기록하고 있다. 이 자료는 『세종실록』의 지리지를 계승하여 울릉도와 독도가 행정구역상으로 강원도 울진현에 속한 조선의 영토임을 온 세상에 알리는 중요하고 결정적인 자료인 것이다.

『만기요람』 군정편

또한 1808년에 편찬된 『만기요람』 군정편에 따르면 "여지지에 이르기를 울릉도와 우산도는 모두 우산국의 영토이다. 우산도는 왜인들이 말하는 송도이다"라고 기록하고 있다. 이 자료에서 인용된 여지지는 현재까지 발견되지 않는 책이나 이를 인용한 만기요람은 조선 왕조가 편찬한 책이다.

이 기록에 따르면 독도가 울릉도와 함께 모두 옛 우산국의 영토임을 명백하게 밝히고 있으며 독도가 1808년 이전에는 우산국이라 불리는 우리 영토임을 증명하고 있다. 또한 일본은 1870년대 이전까지 울릉도를 죽도로, 독도를 송도로 호칭하였다. 이는 일본정부도 인정하고 있다. 따라서 우산도는 일인들이 말하는 송도라고 기술한 것은 우산도가 곧 오늘의 독도라는 것을 명백하게 증명해 주고 있다.

『숙종실록』과 안용복의 활동

그리고 숙종실록에는 안용복 일행이 울릉도와 독도에서 일본어민들과 접촉했던 사실과 그의 도일 활약상이 기록으로 잘 남아 있다.

안용복은 1696년 봄 어부들을 이끌고 울릉도와 독도에 들어가서 이곳에 침입한 일본 어민들을 쫓아내었다. 이때 안용복은 "송도(일본인들이 송도에 산다고 하자)는 곧 자산도인데 우리 땅이다"라며 일본어부들을 몰아내었다. 이어 안용복은 일본의 백기주伯耆州,지금의 시마네 현 태수를 만나 '양도울릉도와 독도는 조선 땅이며 다시 침범하는 자가 있으면 마땅히 처벌하겠다'라는 약속을 받아내었다. 이는 일본 측 관리가 송도로 불리는 독도를 울릉도와 더불어 조선 땅임을 공식적으로 인정했다는 사실을 기록으로 보여주는 것이다.

대한제국의 칙령 41호와 울릉군수의 임명

1897년 국호를 대한제국이라 바꾼 직후에 정부는 울릉도와 독도의 행정구역을 개편하였다. 조선시대에는 울릉도와 독도를 강원도 울주군에 소

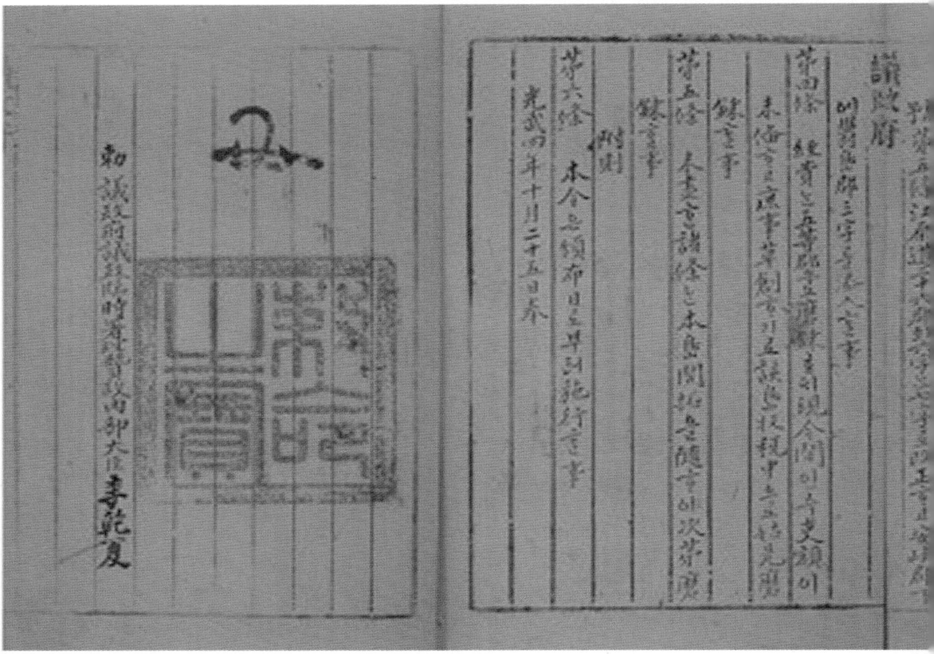

: : 대한제국 칙령 제41호(1900), 울릉도를 군으로 승격, 울릉도와 독도를 관장하게 함.

속시키고 울릉도에 도감을 두어 이를 관장했는데 대한제국은 1900년 칙령 41호를 반포하여 울릉도를 군으로 승격시켜 울릉도, 죽서도와 석도독도를 관장하게 했다. 대한제국의 이 칙령에 의해 울릉도 독도는 울주군수의 행정관할에 있다가 강원도의 독립된 군으로 승격되었다. 초대군수로는 도감으로 있던 배계주裵季周가 임명되었다.

주목할 부분은 울릉군의 행정관할구역을 울릉전도와 죽도, 석도로 한다는 내용이다. 여기서 죽도는 울릉도 바로 옆의 죽서도를 가리키는 것으로

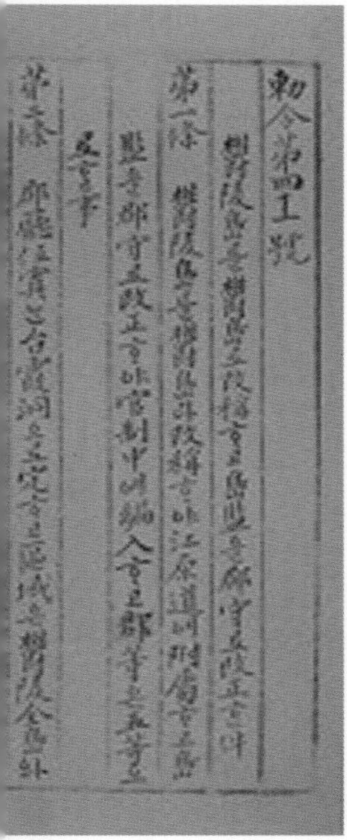
勅令第四十一號
鬱陵島를鬱島로改稱하고島監을郡守로改正한件
第一條 鬱陵島를鬱島라改稱하야江原道에附屬하고島監을郡守로改正하야
官制中에編入하고郡等은五等으로할事
第二條 郡廳位寘는台霞洞으로定하고區域은鬱陵全島와

이규원의 울릉도 검찰일기에서 확인된다. 그리고 석도는 독도를 가리키고 있는 것이 분명하다. 당시 울릉도 주민의 대다수는 전라도 출신 어민들이었는데 전라도 방언에 돌을 독이라 하고 돌섬을 독섬이라 부른다. 따라서 당시 독섬이라고 불렸던 독도를 의역하여 한자로 표기하기 위해 석도石島라 칭한 것이다.

일본인 나카이, 독도는 한국영도라 인정

기타 여러 가지 역사적 기록을 살펴보아도 독도는 울릉도와 더불어 1905년 이전 무주물이 아닌 우리나라의 고유 영토가 명확하다. 또한 애초 독도에서 어업독점권을 갖기 위해 청원한 일본인 나카이도 독도는 한국 영토로 인정하고 있었다는 사실이다. 일본은 이를 나카이의 착오라고 주장하나 터무니없는 억지에 불과하다.

나카이는 1880년대부터 조선의 연안에서 잠수기를 이용하여 물개잡이에 종사한 기업형 어부였다. 나카이가 직접 작성한 사업경영개요에 따르면 그는 1903년 독도근해에서 물개잡이를 통해 많은 수익을 올리게 된다. 사업에 욕심이 생긴 그는 독도 근해를 독점하기 위하여 일본정부를 찾는다. 일본정부를 통해 독도의 소유자인 대한제국 정부로부터 독점어업권을 취득하려는 속셈이었다. 이는 다시 말해 나카이는 이미 독도가 울릉도에 부속된 대한제국의 영토라는 사실을 명확히 인식하고 있었다는 뜻이다. 그는 일본 농상무성을 방문하여 자신의 뜻을 청원한다. 이에 대해 일본 농상무성 수산국장은 해군성과 접촉한 후 독도가 한국영토가 아닐 수도 있다는 설명을 듣고는 나카이를 해군성으로 보낸다. 해군성에서는 나카이를 부추겨 이참에 독도가 무주물이므로 일본영토로 편입하여 자기에게 대부해 달라는 요지가 담긴 리앙코독도 영토편입 및 대부청원서를 일본정부내무성, 외무성, 농상무성에 신청하기에 이른다.

일본 내무성에서는 나카이의 신청을 받고 처음에는 반대했다. 왜냐하

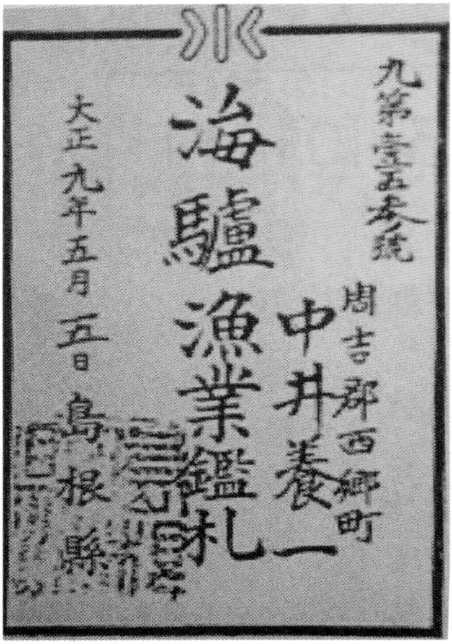

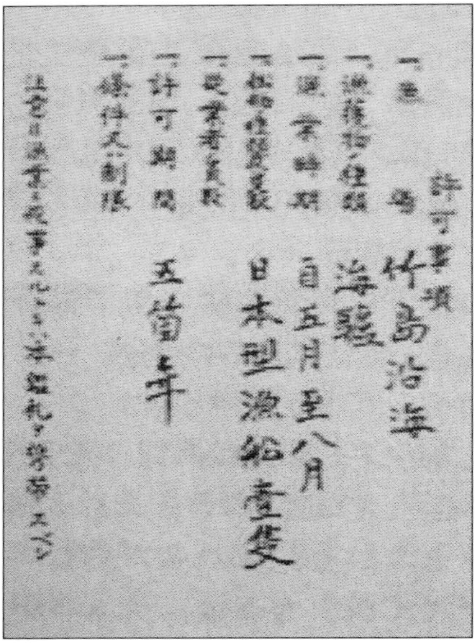

∷ 1920년 5월 5일, 일본 시마네 현이 사이고쵸(西鄕町)에 거주하는 나카이(中井養一)라는 어부에게 발행한 5년간의 독도(다케시마) 연안에서의 강치잡이 어업허가서 사본

면 청국 및 러시아 등과 동북아의 패권을 놓고 서로 다투던 당시의 상황에서 불모지나 다름없는 조그만 섬 독도의 취득문제로 자칫 영국과 미국 등 강대국에게 일본의 야욕을 들어내게 되어 견제당할 우려가 있다고 판단했기 때문이다.

그러나 일본의 외무성은 생각이 달랐다. 망루를 설치하면 적의 군함에 대한 동태를 파악할 수 있는 등 군사적으로 긴요하게 활용할 수 있다는 점을 들어 독도를 일본영토로 편입할 가치가 충분하다고 판단하고 이를 추진하게 된다. 이와 같은 일련의 처리 과정을 보더라도 당시의 일본정부 역시 독도는 한국 땅임을 명백하게 인지하고 있었음을 알 수 있다.

따라서 독도를 무주물이라 간주하고 무주물선점이론에 입각하여 독도를 일본영토로 편입한다는 1905년 1월 28일 일본정부의 결정은 독도가 주인이 있는 우리의 영토임이 명백하므로 국제법상 불법행위이며 원천적으로 무효이다.

일본 시마네 현의 고시는 효력이 있는가?

사실상의 비공개적인 지방고시는 무효

설령 독도가 무주물이라 하더라도 독도를 자국의 영토로 편입하기 위해서는 그곳에 인접한 나라, 즉 최소한 그 당시 대한제국과 사전에 의견을 조율하는 것이 국제관례이다. 앞에서 살펴본 바와 같이 독도의 영토편입을 형식적으로 청원한 나카이조차도 사전에 이를 한국에 조회하는 절차를 밟고자 했다. 이는 독도가 한국의 영토라는 사실이 공공연한 상식이었음을 반증하고 있다.

그러나 당시 일본정부는 사전 협의는 고사하고 사후에 공식적인 통보조차도 하지 않았다. 게다가 중앙정부도 아닌 일개 지방정부가 지방고시로 이를 알렸다. 그 당시 내무대신의 훈령에 의해 시마네 현 지사가 시마네 현의 현보에 게시하였으며 그 내용 역시 그 지역의 한 지방신문에만 보도된 것에 불과하였다.

한 나라의 새로운 영토 편입문제는 국제사회에 아주 중요한 사항이다. 따라서 국제법상 무주물 선점이론에 의한 영토편입이 합법적으로 그 효력을 발생하기 위해서는 이를 국제사회에 널리 알려야 한다. 따라서 일본의 내각이 이와 같은 결정을 했다면 관련국과의 사전 협의는 물론, 사후에라도 공식적으로 이를 통보함과 아울러 최소한 중앙정부의 고시로 국제사회에 이를 알렸어야 했다. 일본이 이와 같은 조치를 취하지 못한 것은 독도를 일본영토에 편입하는 그 과정 자체를 사실상 비밀에 붙이려 했다는 것을 알 수 있다. 그럴 수밖에 없었던 근본적인 이유는 무엇이었을까? 그것은 바로 독도가 무주물이 아니라 그 당시 대한제국의 영토라는 사실을 인식하고 있었기 때문이다.

어쨌든 결과적으로 일본은 당시 러일전쟁의 와중에서 일본 해군의 망루를 설치할 목적으로 독도를 일본영토에 편입하기로 결정한다. 이에 앞서

ⓒ주강현

∷ 제국의 포신(큐슈 칸몬대교)

일본 내무성은 러일전쟁 중에 이 불모의 섬을 편입하게 되면 한국정부가 항의해 올 가능성이 크고 또 세계열강이 이를 알게 되면 일본에 불리한 국제여론이 조성될 것을 우려하여 이를 반대하기도 했었다. 그렇다고 그냥 포기하기엔 독도가 가진 군사적 가치와 경제적 이익이 너무나 매력적이었다. 두 마리의 토끼를 모두 잡고 싶었던 일본정부로선 독도의 자국영토 편입이라는 실익은 취하되 이를 적극적으로 국제사회에 알리지 않는 편법을 취할 수밖에 없었던 것이다.

결국 당시 일본정부는 무주물 선점에 따른 영토취득의 중요한 요건인 국제사회에의 공시요건을 충족시키지 못했다. 따라서 설사 독도를 무주지라고 하더라도 일본의 일방적인 영토취득행위는 국제법상 원천적으로 무효이다.

이에 대해 일본은 지방행정당국을 통해 고시했으므로 정당한 절차를 밟았다고 주장하고 있다. 그러나 지방현의 고시는 그 지방에만 통용되었을 뿐이다. 오히려 당시의 정황을 살펴보면 일본정부는 국제사회에 독도의 영토 취득사실 자체를 은폐하려는 의도가 강했다. 한국 정부나 국제사회가 잘 알지도 못하는 일개 지방현의 고시를 통하여 해소하려 했다는 건 다분히 모양새 갖추기에만 급급했다는 것을 알 수 있다. 따라서 당시 일본정부 역시 독도는 그 이전부터 한국 땅이라는 것을 분명히 인식하고 있었기 때문에 국제법상 요건을 제대로 갖추지 못한 채 불법적인 방법을 동원할 수밖에 없었던 것이다.

당시 한국 정부의 공식적인 항의가 없었다?

일본은 1905년 당시 대한제국이 독립 국가이고 외무부가 존재했음에도 불구하고 일본의 독도 영토편입에 대해 한국정부의 공식적인 항의가 없었으므로 독도가 국제법상 일본영토로 합법적으로 편입되었다고 주장하고 있다.

그러나 일본의 이와 같은 주장이 설득력을 가지려면 먼저 독도를 일본영토로 편입한다는 결정을 내리기 이전에 한국정부와 충분한 협의절차를 거쳐야 했다. 즉 그들의 주장대로 독도가 무주물이기 때문에 이를 자국영토로 편입한다는 결정을 내렸다면 그 정당성을 담보하기 위해서라도 최소한 독도가 무주물인지 여부와 무주물일 경우 편입하겠다는 의사를 한국정부와 사전에 협의했어야 했다. 그리고 나아가 사후에 이를 공식적으로 한국정부에 통보했어야 마땅하다. 그러나 일본은 이와 같은 국제법상의 상식적인 절차를 무시한 채 일개 지방현의 사후 고시만 했을 뿐이다.

대한제국 정부는 1906년 3월 28일에 가서야 독도의 일본영토 편입사실을 알게 된다. 이 과정에서도 일본의 편법은 여실히 드러나고 있다. 일본은 1906년 3월 28일 시마네 현 오키도의 지방관리 일행이 독도를 시찰하고 오는 길에 울릉도에 들려서 당시 울릉군수 심은택을 방문한다. 그 자리에서 그들은 일본이 독도를 편입했다는 사실과 그 관리책임을 오키도에서 맡고 있기 때문에 새 영토를 시찰하러 왔다가 돌아가는 길에 울릉군수를 예방하게 되었다는 취지를 설명하였다. 즉 독도의 자국영토 편입사실을 중앙정부차원이 아닌 지방정부차원에서 언급한 것이다. 이는 독도의 편입 사실을 중앙정부 차원이 아닌 지방정부의 일로 격하시켜 가능한 한 사소한 일로 취급하려는 일본의 의도가 엿보이는 대목이기도 하다.

1905년 10월 15일 일본은 러일 전쟁을 승리로 장식한다. 이어 일본은 제국주의적 야심을 본격적으로 드러내게 되는데, 그 첫번째 희생양이 대한제국이었다.

1905년 11월 17일, 마침내 을사조약이 체결된다. 우리의 주권이 일본제국주의 손아귀에 장악되기 시작한 것이다. 이에 따라 대한제국의 외교권은 물론이고 내정까지도 일제의 통감부에 의해 지휘 감독되었다. 대한제국은 그저 이름뿐이었다. 그리고 1906년 1월 17일, 대한제국의 외교부는 완전히 폐쇄된다. 1906년 2월 1일에는 급기야 일제의 통감부가 대한제국 정부의 모든 전권을 장악, 사실상의 통치단계에 돌입한다.

그러므로 대한제국 정부가 공식적으로 일본의 독도침탈을 알게 된 1906년 3월 28일에는 이에 대해 이의를 제기할 만한 정부기관이 유명무실한 상태였다. 때문에 독도 문제가 아니라 그보다 더 긴요한 문제가 있다 하더라도 일본정부에 대해 최소한 외교문제에 관한 한 공식적인 항의를 기대할 수 있는 상황은 아니었다.

당시 울릉군수 심은택은 일본 지방관리 일행이 방문하고 떠난 다음날인 1906년 3월 29일 강원도 관찰사에게 긴급보고를 올리게 된다. 그 내용은 본군 소속 독도가 본부로부터 100여 리에 있는데 일본관리가 와서 자기들 마음대로自云 자기영토라 하며 시찰차 왔다고 주장한다는 사실을 적시하고 있다. 여기에서 우리가 눈여겨봐야 할 중요한 사실은 당시 울릉군수가 공식적으로 독도는 울릉도에서 100여 리 떨어진 곳에 위치한 섬이며, 울릉도 소속이라고 분명하게 밝히고 있다는 점이다. 또한 일본의 지방 관리들이 자기 마음대로 독도가 일본영토임을 주장한다고 적시하고 있는 것으로 봐 울릉군수 심은택은 독도가 자기 행정구역인 울릉도에 소속된 대한제국의 영토이며, 일본의 영토편입 운운은 터무니없는 억지주장이란 사실을 공문을 통해 명백하게 천명했다는 점이다.

이와 같이 그 당시 대한제국이 일제의 독도침탈에 대해 알게 되었을 때는 이미 대한제국의 외교권이 일본에게 넘어간 뒤였기에 공식적으로 일본 정부나 국제사회에 항의할 수 있는 입장이 아니었다. 단지 울릉군수 심은택은 보고를 통해 독도가 울릉도에 부속된 한국 땅임을 명백히 했고 이 보고를 받은 친일파로 알려진 당시 대한제국의 참정대신 박제순은 독도를 일본 영토로 편입한다는 주장은 근거가 없고 이치에 맞지 않는 부당한 것임을 문서로 밝히고 있다.

또한 구한말의 대표적 언론기관인 대한매일신보와 일제침략의 기관지 역할을 하던 황성신문조차도 일본의 독도침탈행위에 대해 여러 가지 형태로 항변했지만 더 이상 대처할 능력도 힘도 없었다.

그 이후 일본은 1910년 한일합방을 통해 우리나라 영토 전부를 강점하기에 이른다. 나라 전체를 빼앗긴 마당에 독도라는 조그마한 섬 하나를 놓고 왈가왈부할 계제가 아니었다. 따라서 한국정부의 공식적인 항의가 없었기 때문에 독도가 자국영토로 국제법상 합법적으로 편입되었다는 주장은 전혀 성립할 수가 없는 억지주장이다.

독도가 역사적으로 일본고유의 영토?

일본 정부는 해방 이후에도 한동안 독도는 무주물이었고 일본이 이를 먼저 선점했기 때문에 일본영토라고 주장한다. 하지만 위에서 살펴본 바와 같이 그 논리적, 법적, 역사적 근거를 찾기 어렵게 되자 1962년경부터는 느닷없이 독도가 1905년 이전부터 일본의 고유영토였다는 주장을 내놓기 시작하였다. 그렇다고 무주물선점이론을 완전히 버린 것도 아니었다. 두 논리 사이를 왔다갔다하는 어중간한 이중적 접근을 시도하고 있는 것이다.

특히 1996년 유엔해양법협약발효 이후 일본정부는 더욱 소리 높여 독도는 역사적으로나 국제법상으로 일본영토임이 분명하다고 주장한다. 여기서 역사적이라는 의미는 역사적으로 독도는 일본의 고유영토라는 의미를 담고 있다.

따라서 지금부터는 독도가 역사적으로 일본의 고유 영토라고 주장하는 논리의 허구성을 분석하고, 더불어 독도가 한국 땅임을 인정하는 일본의 역사적 자료들을 제시하고자 한다.

조선의 공도(空島)정책과 일본인의 울릉도 이주 시도

일본 측이 독도를 역사적으로 일본의 고유영토라고 주장하는 근거는 조선이 공도정책을 채택하여 섬에서 철수했던 1718년부터 약 70여 년간 울릉도(당시 일본호칭 죽도)와 독도(당시 일본호칭 송도)를 그들이 실질적으로 지배하고 경영했다는 것이다.

이에 대한 기록을 살펴보면 조선 3대 임금 태종은 울릉도 주민들이 왜구의 침략에 노출되어 있는 것을 우려한 나머지 울릉도 주민을 육지로 이전시키자는 강원도 감찰사의 건의를 수용하여 1403년태종 3년 울릉도 주민을 육지로 이전시키는, 이른바 공도정책을 시행하게 된다. 이 공도정책은 섬을 관리하기 위한 하나의 행정조치이지 그 섬을 방기하거나 영유권을 포기한다는 의미는 아니다. 이는 공도정책을 시행하는 가운데서도 그 섬에 대한 관할권을 철저하게 행사했다는 점에서 알 수 있다.

조선의 공도정책으로 울릉도에 사람이 살지 않자 대마도주 소오시다시

게는 1403년 사신을 보내 울릉도에 대마도인을 이주시켜 살게 하고 자신이 직접 통솔하고 싶다는 의향을 조선정부에 건의한다. 이에 대해 태종은 왜구는 국경을 넘어오면 반드시 말썽을 일으킨다며 이를 불허한다. 또한 임진왜란을 전후하여 울릉도는 왜구들의 주 활동무대로 전락한다. 이에 대해 이수광은 『지봉유설』을 통해 울릉도가 왜구의 분탕질로 말미암아 조선인들이 정착하지 못하고 있다고 기술하고 있다.

일본막부의 울릉도, 독도의 도해면허

임진왜란 직후에 일본인 몇몇이 조난을 당하여 표류 끝에 울릉도에 닿게 된다. 이때 이들은 섬을 자세히 살펴본 결과 천연자원이 풍부한 천혜의 보고로 고기잡이를 할 경우 큰 돈을 벌 수 있을 것이라 판단하여 일본 본토의 막부에게 도해면허를 신청한다. 이에 대해 일본의 도쿠가와 막부는 1818년광해군 10년에 오다니징기치와 무라카와이지베에 두 가문에 울릉도죽도에서 전복과 강치를 잡고 박달나무와 대나무 등 삼림을 벌채할 수 있도록 하는 도해면허를 내어 주었다.

도해면허란 원래 일본국경을 벗어나 외국과 통상을 허락한다는 허가서였다. 당시 일본의 막부는 쇄국정책을 시행하여 외국으로 나가는 경우 반드시 도해면허를 받도록 법으로 정하고 있었다. 울릉도가 외국의 영토였기 때문에 그곳에서 조업하기 위해서는 외국에 나가 고기를 잡아도 좋다는 공식 허가가 필요했던 것이다.

도해면허를 받은 이 두 가문은 매년 한두 차례 울릉도에 들어가 고기잡이를 하고 돌아갔다. 도해면허가 있어야 고기잡이를 할 수 있었다는 사실만 봐도 울릉도가 일본의 지배 하에 있었다는 주장은 전혀 타당성이 없다. 오히려 이 도해면허는 울릉도가 일본 땅이 아님을 공식적으로 증명하고 있는 셈이다. 왜냐하면 일본 영토 내에서 조업할 때에는 일본막부의 도해허가가 필요하지 않았기 때문이다.

당시 임진왜란의 영향으로 조선과 일본은 아직 우호관계를 수립하지 못한 상황이었다. 그런데도 일본막부는 울릉도가 조선영토임을 잘 알고 있으면서도 한 마디의 사전 협의 없이 두 일본 가문에게 국경을 넘어 고기잡이를 해도 좋다는 허가를 내주었던 것이다.

이처럼 일부 일본인 어부들은 울릉도를 왕래하면서 독도송도를 경유하게 된다. 그러다 1656년 오다니라는 사람은 독도송도의 도해면허까지 획득하게 된다. 이에 대해 일본의 주장은 독도가 만일 울릉도에 소속된 부속도서라면 울릉도죽도 도해면허만으로 어업활동이 가능한데도 별도로 독도송도의 도해면허를 받은 것을 보면 독도는 울릉도와 완전히 분리된 별개의 섬이기 때문이라고 주장한다.

하지만 당시 울릉도를 왕래했던 일본인의 입장에서 생각해보면 독도가 행정적으로 울릉도에 부속된 도서라고 할지라도 별도의 면허를 받는 것이 조업상의 독점적 위치를 확고히 다지고 분쟁의 소지를 없앨 수 있다고 판단했을 가능성이 높다. 게다가 설사 일본 막부가 이 두 섬을 완전히 별개로 보았다 하더라도 이는 일본인 그들의 입장일 뿐, 독도를 울릉도의 부속도서로 보는 우리의 입장에 전혀 영향을 미칠 사안이 아니다.

또한 일본의 막부가 독도송도에 대해서도 도해면허를 발급했다는 것은 독도 역시 일본의 영토가 아닌 조선의 영토로 인정했다는 것을 증명해 주고 있다. 따라서 일본의 막부가 송도에 도해면허를 내주고 일본의 두 가문이 독도송도에서 고기잡이한 사실을 가지고 독도를 일본의 고유영토라고 주장한다는 것은 명백한 오류이다. 오히려 독도가 외국영토였기 때문에 독도와 울릉도의 도해면허가 별도로 반드시 필요했다고 볼 수 있다. 다시 말해 도쿠가와 막부가 독도와 울릉도에 대해 자국영토에서의 조업시 필요 없는 도해면허를 내주었다는 것은 울릉도와 독도가 일본의 영토가 아니라 조선의 땅임을 명백하게 증명하는 것이다.

은주시청합기(隱州視聽合記)

또한 일본정부가 독도에 관한 최초의 문헌으로 들고 있는 것은 1967년에 편찬된 『은주시청합기隱州視聽合記』이다. 이 기록은 1967년 사이토호센이 일본의 오키 섬을 돌아보고 작성한 일종의 풍토기이다. 1950년대에 일본 측이 독도 영유권 주장을 뒷받침하기 위한 자료로 제시하였다가 오히려 한국의 영유권을 인정하는 반증 자료로 발목 잡히게 되자 더 이상 일본 측에서 이를 제시하고 있지 않다.

이 기록에 따르면 일본의 서북 국경의 한계를 은주隱州로 삼는다고 명백히 규정하고 있고 독도송도와 울릉도죽도를 고려의 땅으로 분류하고 있다.

따라서 일본정부가 독도가 역사적으로 일본 고유의 영토라는 사실을

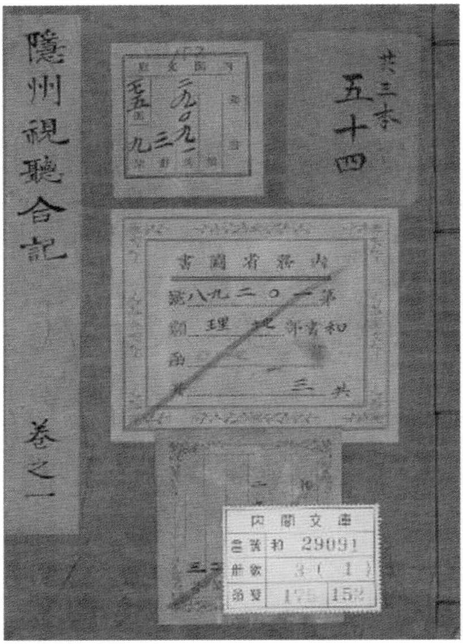

: : 은주시청합기 원본 표지

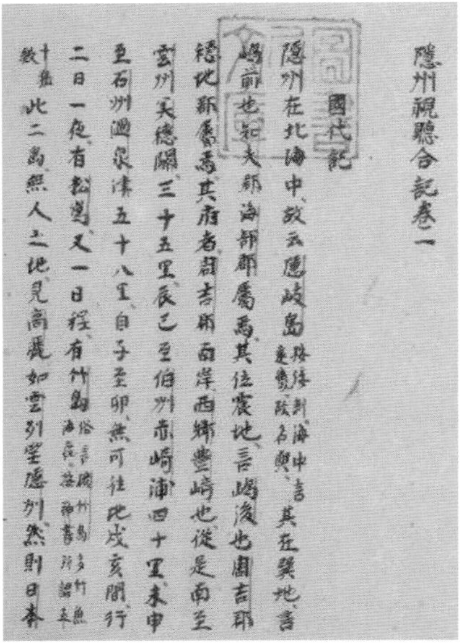

: : 은주시청합기 일본 서부 국경의 한계를 오끼섬(은주)으로 한다고 규정하고 있다.

증명하기 위해 내세운 울릉도죽도 및 독도송도에 대한 도해면허와 『은주시청합기隱州視聽合記』는 그들의 주장을 뒷받침하는 증거자료라기보다는 오히려 그 반대로 울릉도와 독도가 한국의 고유 영토라는 사실을 밝혀주는 명백한 자료가 되고 있다.

도쿠가와 막부, 울릉도와 독도의 조선영토 재확인

1692년부터 1698년까지 조선과 일본 두 나라 사이에선 외교경로를 통해 울릉도와 독도에 대한 이견을 교환한다. 이 사안의 제공자는 당시 대마도주였다. 그는 일찌감치 울릉도와 독도에 대한 가치를 잘 알고 있는 자였다. 때마침 조선 조정에서 울릉도에 대한 공도정책을 시행하자 그는 기다렸다는 듯이 양도를 해주거나 그렇지 않으면 최소한 어업권을 보장해 달라고 집요하게 물고 늘어졌다.

그는 나아가 울릉도 외에 죽도라는 또 다른 섬이 있다고 주장하고, 이 죽도에 대한 권리를 인정해 달라는 요구를 여러 차례 하게 된다.

이에 대해 조선정부는 초기에 약간의 혼선은 있었지만 최종적으로 1698년 3월 울릉도는 조선땅이며 울릉도와 죽도가 '일도이명一島二名'이며(이는 일본이 죽도라고 부른 섬은 울릉도임을 의미함) 그 이름이 다를지라도 조선의 땅임을 대마도주에게 공식통보하게 되고 결국 일본정부도 이를 수락하게 된다.

이를 재확인하는 과정에서 당시 일본의 통치자인 도쿠가와 막부는 울릉도가 그 위치나 다른 여러 정황을 살펴보건대 조선영토임이 분명함을 인정한다. 또한 당초 오타니와 무리카와 가문에 도해면허를 내준 것은 단지 어민들이 고기잡이 나가는 것을 허가한 것일 뿐, 그곳이 조선영토가 아니라고 하여 허가한 것은 아니라고 해명한다. 그리고 울릉도를 조선으로부터 빼앗을 생각은 추호도 없는 만큼 단지 일본인의 울릉도에서의 입어활동만 통제하면 된다는 입장을 분명히 하였다.

즉 당시의 일본 막부 권력은 1618년 이후 70여 년 간 일본어부들에게 도해면허를 발급하여 울릉도와 독도 근해에서 고기잡이활동을 허가한 것은 어로행위에 대한 허가임을 분명히 하고 있으며 울릉도와 독도가 애초부터 조선영도임을 명백하게 규정하고 있다.

이는 일본 자기네의 역사기록에 의한 것이므로 일본정부 역시 이를 인정하고 있다. 단지 여기에서 일본정부는 울릉도만 해당되는 것이지 독도에 대해서는 언급이 없으므로 해당사항이 없다고 주장하고 있으나 이는 터무니없는 억지주장에 불과하다.

당시 독도는 울릉도의 부속도서로 취급되었고, 이는 일본측 기록에 "죽도울릉도와 그 외 1도라고 한 다음 그 외 1도는 송도독도를 의미한다"고 기술하고 있는 점을 통해 명확히 알 수 있다. 그리고 도해면허도 울릉도와 독도에 대해 발급되었으며, 숙종실록에 등장하는 안용복의 도일활동에 관한 기록(일본 태수의 2섬은 조선에 속한다고 언급한 내용 등) 등을 종합해 볼 때 독도는 울릉도의 부속도서로 일본이 언급하고 있는 울릉도에 당연히 포함된다고 할 것이다.

『삼국통람도설』과 「삼국접양지도」

또한 일본의 도쿠가와 막부가 1696년 1월 울릉도와 독도를 조선영토로 재확인한 이후에 발행된 일본의 고문헌과 고지도에 울릉도와 독도를 모두 조선영토라고 명확하게 표시하고 있다. 일본 실학파의 대학자인 히야시 시레이가 1785년에 『삼국통람도설』이라는 책을 간행하면서 부록으로 「삼국접양지도」와 「대일본지도」를 편찬하였다. 여기에 보면 국경과 영토를 명확하게 구분하기 위해서 국가별로 그 색을 달리하여 조선은 황색으로 일본은 녹색으로 표시했다. 그리고 동해상의 울릉도와 우산도독도를 정확하게 표시

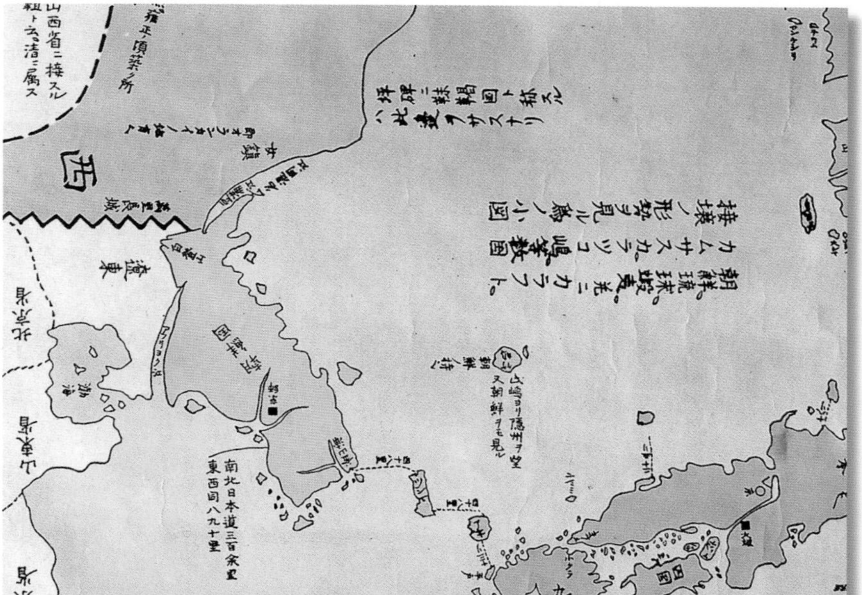

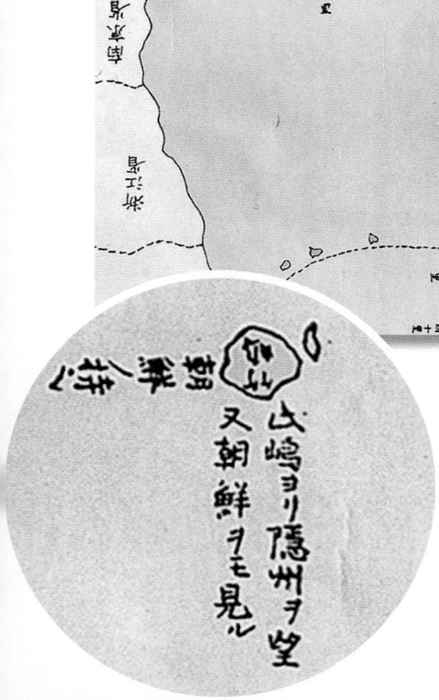

ⓒ독도박물관

∷ 삼국접양지도(독도는 조선의 것이라고 명백하게 규정하고 있다.)

하고 그 색을 조선의 색깔인 황색으로 표현해 놓고 있다. 게다가 두 섬 옆에 다시 '조선의 것'이라고 적어 놓기까지 했다.

또한 도쿠가와 막부의 일본지도인 총회도에서도 일본을 적색으로 조선을 황색으로 칠하면서 울릉도와 독도를 조선의 색인 황색으로 표시해 놓고 있으며, 한문으로 정확하게 조선의 것으로 표기하고 있다. 일본은 이에 대해 지도에 조선의 것으로 표시된 우산도는 오늘의 독도가 아닌 울릉도 옆에 있는 섬이라고 말하고 있으나 이는 그냥 우겨보는 정도에 불과하다.

메이지 정권의 태정관 '독도는 조선영토'로 확인

일본 메이지정권 수립 이후의 기록을 살펴봐도 독도는 조선땅이란 사실이 입증되고 있다.

1869년 일본의 외교문서인 '조선국교제시말내탐서朝鮮國交際始末內探書'에 의하면 메이지 정권은 신정부수립 이후 고위관리들을 부산에 파견하여 14개 항목을 조사해 보고하라는 지시를 내린다. 이 항목 중 하나가 울릉도죽도와 독도송도가 조선 부속으로 되어 있는 시말을 조사해 오라는 것이 있었다. 이는 메이지 정권이 울릉도와 독도가 조선의 영토임을 인정하고 있었다는 것을 명확하게 증명하고 있다.

그 이후 메이지 정권의 최고국가기관인 태정관은 1877년 3월 29일자로 죽도울릉도와 외1도송도, 우산도 즉 독도는 일본과 관계없으며 조선영토라는 사실을 공식적으로 확정하여 내무성과 시마네 현에 시달하게 된다.

일본해군성 수로국의 조선동해안도

또한 일본의 해군성 수로국은 조선동해안도를 편찬했는데 독도를 울릉도와 함께 조선의 동해안에 포함시켜 조선영토로 표시하였다. 또한 러시아에서 그린 독도 그림들을 일본서해안도에 넣지 않고 조선동해안도에 수록함으로써 독도가 조선 땅임을 인정하고 있다. 아울러 일본 해군성은 1886년에 세계수로지인 환영수로지를 편찬했는데 이때 독도를 '리앙쿠르트암'이라는 이름과 함께 조선동해안에 수록하였다. 1899년에는 환영수로지 편찬을 중단하고 일본수로지, 조선수로지 등 국가별로 분류하여 수로지를 편찬하였다. 이때도 독도리앙쿠르트암를 조선수로지에만 넣고 일본수로지에는 넣지 않았다. 이는 일본해군이 독도를 조선영토라고 명백하게 인증하고 있다는 것을 재차 확인시켜주는 결정적인 자료이다.

이에 대해 일본은 수로지란 본래 국경과는 상관없이 제작되는 것이기에 다만 그 제목은 편의상의 분류일 뿐 국가별 영토를 의미하지는 않는다고 강변한다. 하지만 수로지 앞에 국가명이 붙어 있다면 당연히 영토개념이 포함되어 있다고 해석되어야 한다. 실제 일본은 시마네 현 고시 이후 1907년에 발간한 일본수로지에 처음으로 오키도 북방에 독도를 표기했으며, 1911년부터는 조선을 일본수로지에 포함시키면서 양국이 병합되었다는 이유까지 설명하고 있다. 이것만 놓고 보더라도 수로지 앞의 국가명칭에는 당연히 영토개념이 전제되어 있다고 보아야 한다.

광복과정과 그 이후의 독도

카이로 및 포츠담 선언

제2차 세계대전에서 연합국의 승리가 확실하게 되자 미국의 루스벨트 대통령과 영국의 처칠 수상 그리고 중국의 장체스 총통 등은 1943년 11월 20일 이집트의 카이로에서 전후처리 문제를 협의하였다. 이 회담에서 3국 정상은 일본의 영토문제에 대해 다음과 같이 합의했다.

> "위 연합국의 목적은 일본으로부터 1914년 제1차 세계대전 이후에 일본국이 장악 또는 점령한 태평양의 모든 도서들의 박탈과 아울러 만주, 대만, 팽호도 등 일본국이 중국인들로부터 절취한 일체의 지역을 중화민국에 반환함에 있다. 또한 일본국은 그간 폭력과 탐욕에 의하여 탈취한 모든 다른 지역으로부터도 축출될 것이다. 위의 3국은 노예상태에 있는 조선민중에 대해서도 적당한 시기에 조선을 자유롭게 독립시킬 것을 결의하였다."

독도를 포함한 한반도는 일본이 폭력과 탐욕에 의하여 탈취한 지역에 해당된다. 1910년 한일합방의 경우뿐만 아니라 1894-1895년의 청일전쟁시 일제가 절취한 영토도 포함되는 것으로 보아서 1905년 2월에 탈취한 독도도 당연히 포함된다.

이에 대해 일본정부는 독도는 탈취한 것이 아니고 1905년 시마네 현 고시를 통해 국제법상 합법적인 방법으로 취득한 일본의 영토라고 주장하고 있다. 그러나 이 주장의 허구성은 이미 위에서 밝힌 바 있다. 대한제국의 외교권을 박탈한 가운데 제국주의의 폭력과 탐욕에 의하여 이루어졌으므로 원칙적으로 무효란 사실에 대해 더 이상 재론의 여지가 없다. 허나 이 카이로 선언은 미국, 영국, 중국의 공동선언이므로 그 자체만으로 이 선언의 당사자가 아닌 일본을 직접적으로 구속하지는 못한다.

전쟁이 막바지에 이르자 1945년 7월 26일 미국, 영국, 중국의 수뇌들은 다시금 독일의 포츠담에서 회담을 갖고 선언문을 채택하게 된다. 소련도 추후 서명한 이 선언문의 제8항에 보면 "카이로 선언의 모든 조항은 이행될

: : 카이로회담의 3국 정상들. 조선의 독립과 폭력 · 탐욕으로 탈취한 모든 지역으로부터 일본의 축출을 결의한다.

것이다. 그리고 일본의 주권은 혼슈, 홋카이도, 큐슈, 시코쿠와 우리들이 결정하는 모든 소도에 국한될 것이다"라고 규정하고 있다. 따라서 포츠담 선언은 카이로 선언의 철저한 이행을 담보하고 있다. 하지만 이 역시 연합국 4개국의 공동선언에 불과하다.

그러나 일본은 1945년 8월 15일 항복하면서 포츠담 선언의 이행을 무조건 수락한다. 그리고 같은 해 9월 21일 이것을 성문화한 항복문서에 일본이 공식 서명함으로써 포츠담 선언과 카이로 선언은 마침내 일본에 대해서도 그 구속력을 갖게 된다.

카이로 선언과 포츠담 선언의 영토관련 규정들을 살펴보면 일본영토에 대한 기본지침은 1894년 청일전쟁의 이전상태로 복원시키려는 데 있다. 그러기에 1905년 일본이 일방적으로 편입한 독도는 카이로 선언의 폭력과 탐욕에 의한 영토취득이 명백하므로 당연히 반환되어야 할 대상이다.

연합국최고사령부 지령 677호

포츠담 선언에서 "일본의 주권은 혼슈, 홋카이도, 규슈, 시코쿠와 연합국이 결정하는 모든 소도로 국한된다"라고 밝히고 있다. 즉 일본 본도 외에 주변의 소도들에 대해서는 연합국의 별도 결정이 있어야 일본의 주권이 관철될 수 있다는 뜻이다. 따라서 독도의 경우 연합국이 일본의 주권이 행사되는 섬으로 결정하면 일본의 영토가 되고 그렇지 않으면 일본영토에서 제

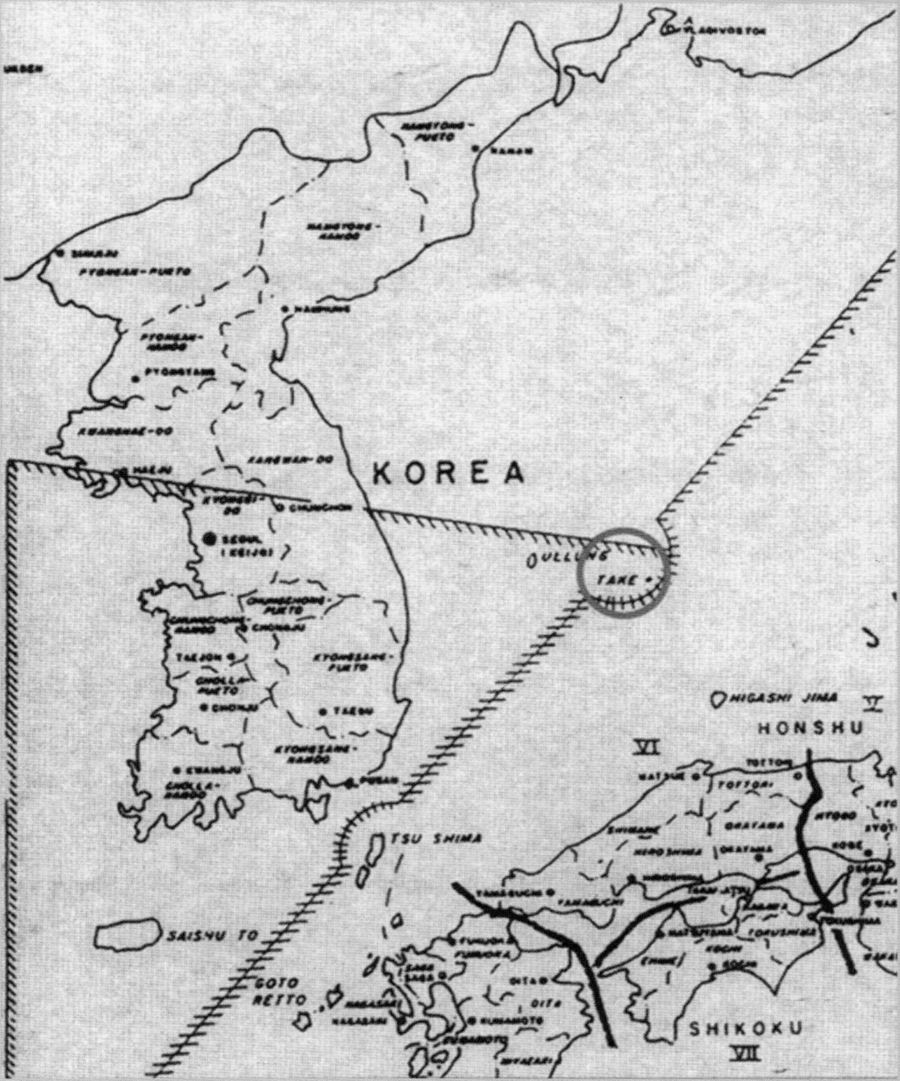

∷ 1946년 일본 도쿄의 연합국 최고사령부가 일본의 행정구역을 규정한 연합국지령(SCAPIN) 677호에 첨부한 지도_ 울릉도 · 죽도(독도) · 제주도를 일본의 범위에서 제외하였음.

외된다는 것을 의미한다.

이를 정하기 위하여 연합국최고사령부는 별도의 조사를 실시한다. 그리고 1946년 12월 28일 지령 677호(Supreme Commander Allied Powers Instructions No.677)를 통해 특정 주변지역을 정치·행정상 일본으로부터 분리하는 것에 대한 각서(Memorandum for Governmental and Administrative of Certain Outlying Areas from Japan)를 발표했다. 이 각서는 포츠담 선언에서 확인한 내용을 집행하기 위하여 일본의 주권행사의 범위, 즉 일본영토의 범위를 정한 것으로 이를 '일본의 정의The Definition of Japan'라고 표현했다.

> "이 지령의 목적을 위하여 일본은 일본의 4개 본도홋카이도, 혼슈, 규슈, 시코쿠와 약 천여 개의 작은 인접 섬들을 포함한 영역에서 주권을 행사할 수 있다. 이를 '일본의 정의'라고 한다. 위의 인접섬들에 포함되는 것은 대마도 및 북위 30도 이북의 유구제도이다. 그리고 제외되는 것은 우츠료울릉도, 리앙쿠르암독도, 퀠파트제주도 … 등이다."

최고사령부의 이 지령에 의해 독도는 일본영토로부터 완벽하게 분리되었다. 울릉도 및 제주도와 함께 분류되었을 뿐만 아니라 수많은 작은 섬 중에 유독 독도를 명문화시킨 것을 보면 독도는 명확히 한국의 영토라는 사실을 선언한 것이라 할 수 있다.

이에 대해 일본은 지령 중 제6조를 들고 나온다. 제6조에 따르면 "이 지령 중의 어떠한 것도 포츠담 선언 제8조에 언급된 모든 소도의 최종적 결정에 대한 연합국의 정책을 표현한 것은 아니다"라고 규정하고 있다. 때문에 일본은 제8조가 일본의 영토를 최종적으로 확정짓는 안은 될 수 없다고 주장한다.

그러나 지령의 제5조에서는 "이 지령에 포함된 일본의 정의는 그에 대한 다른 특정한 지령이 없는 한 본 연합국 최고사령부로부터 발하는 모든 지령, 각서, 명령에 적용된다"라고 규정하고 있다. 따라서 제6조에서 언급한 일본영토의 범위는 향후에 변경 불가능한 최종적인 것이 아니지만 이를 변경하기 위해서는 별도의 지령이 있어야 한다는 뜻이다.

정리하자면 1946년 1월 29일 연합국 최고사령부 지령 제677호에 의하여 독도는 일본영토에서 제외되었으며 이를 다시 일본영토로 하기 위해서는 별도의 명시적인 연합국사령부의 지령이 있어야 한다. 그러나 이 지령 이후 독도에 관련한 별도의 언급은 없었다. 그러므로 독도는 이 지령에 의해 한반도와 울릉도 제주도와 더불어 한국에 영원히 반환된 것이다.

이에 대해 일본은 지령 677조에 독도가 일본영토에 제외되어 있긴 하지만 이것은 잠정적인 것에 불과하다고 주장한다. 그리고 최종적으로 샌프란시스코 평화조약에서 독도가 누락되었기 때문에 독도는 그대로 일본영토로 잔류되어야 마땅하다고 주장한다.

그러나 이 주장이 설득력을 가지려면 샌프란시스코 조약에 독도는 일본영토라고 명시되어 있어야 한다. 다시 말해 독도가 일본영토라는 명문규정이 없는 한 독도가 일본영토가 아니라는 명문 규정을 변경할 수 없는 것이다.

또한 일본은 지령 677호는 단순한 행정조치이지 일본의 영토를 정한 영토 규정이 아니라고 주장한다. 이는 전적으로 억지 주장에 불과하다. 연합국사령부 스스로 이를 '일본의 정의'라는 제목을 붙여 영토규정임을 선언했을 뿐더러 첨부된 지도를 통해서도 이를 명백히 밝히고 있다. 이 지도의 제목은 '연합국 최고사령부 행정지역: 일본과 남한'이다. 당시 미군정 하에 있던 남한과 일본을 구분하면서 울릉도와 독도가 남한의 영토임을 분명히 표시해 놓은 것이다. 이는 주변도서의 영역을 결정하면서 독도를 한국영토로 분명히 판정했다는 뜻이며, 한국에 반환한 후 한국과 일본의 영토경계를 지도로 작성하여 명확하게 한 것이다.

또한 지령 677호에 의하여 독도가 한국에 반환된 이후에도 일본어부들이 독도근해에서 조업을 계속하여 한국어민들과 충돌이 잦아지게 된다. 이에 대해 연합국 최고사령부는 1946년 6월 22일 지령 1033호 3조를 통해 일본인의 어업 및 포경업의 허가 구역통칭 맥아더 라인을 발령하여 독도근해에서의 일본인의 어로활동을 금지하기에 이른다.

> "일본인의 선박 및 승무원은 금후 북위 57도 15분, 동경 131도 53분에 있는 리앙쿠르암의 12해리 이내로의 접근을 금하며, 또한 어떤 경우를 막론하고 이 섬으로의 접근을 불허한다(지령 제3조 b)."

이는 당시 연합국최고사령부가 독도와 그 영해를 한국의 영토와 영해로 규정한 사항이다. 따라서 일본인이나 일본 선박은 이유 여하를 막론하고 독도는 물론 주변 12해리까지 접근을 금지한 것이다.

이에 따라 당시 국제법상 일본과 남한의 통치기구인 연합국최고사령부는 독도가 미군정 하에의 한국 영토임을 분명히 하였다. 그리고 1948년 8월 15일 대한민국정부가 수립되자 미군정은 독도를 포함한 한반도를 대한민국 정부에게 인계한 것이다.

샌프란시스코 평화조약

국가 간의 전쟁은 국제법적으로는 당사국 간의 평화조약 체결로 종결된다. 제2차 세계대전도 일본과 연합군 간에 체결한 샌프란시스코조약에 의해 법적으로 종결되었다. 따라서 샌프란시스코조약은 전후 일본의 영토 등 각종 문제를 해결하는 중요한 국제법적 기준과 근거를 담고 있다.

만약 이 조약에 독도는 일본 영토가 아니므로 한국에 반환되어야 한다는 명문규정만 있었더라도 한일간 독도 문제는 이미 완결되었을 것이다. 그러나 우리 측 입장에서 볼 때 아쉽게도 그 명문규정이 빠져 있다. 때문에 이후 두고두고 일본이 독도 문제를 제기하는 좋은 구실을 만들어주고 있는 셈이다.

위에서 살펴본 바와 같이 연합국은 그 훈령을 통해 명시적으로 독도는 한국영토라고 공시하였다. 이에 따라 연합국은 샌프란시스코 대일강화조약에 대비하여 1950년 구 일본영토 처리에 관한 합의서Agreement Respecting the

Disposition of Former Japanese Territories를 당사국 전원의 합의로 작성하였다. 이 합의서에 따르면 한국에 반환되어야 하는 영토로 다음과 같이 설정하고 있다.

"연합국은 한국 본토와 모든 주변의 한국 섬들에 대한 권리와 권원을 대한민국의 정부에 이양할 것을 합의하였다. 그 섬들은 제주도, 거문도, 울릉도, 독도리앙쿠르암, 다케시마와 모든 다른 섬을 포함한다(합의서 3조)."

이는 연합국 사이에 합의된 문서이다. 독도를 한국에 반환해야 할 영토로 명확하게 규정하여 연합국 사이에 이론의 여지가 없음을 분명하게 밝히고 있다. 이에 따라 미국이 1947년 3월 20일 작성한 대일평화조약 1차 초안에 따르면 일본의 영토를 1894년 1월 1일 현재의 영토로 한정한다고 규정하고 있다. 이어서 동 1차 초안 제4조는 "일본은 한반도와 제주도, 거문도, 울릉도, 독도를 포함한 근해의 모든 작은 섬들에 대한 모든 권리와 권원을 포기한다"라고 규정하였다. 독도가 일본 영토가 아닌 한국 영토임을 분명하게 명기한 것이다.

이와 같은 초안의 내용이 일본에 알려지자 일본은 당시 미국의 일본임시정부 고문인 시볼드를 통해 독도를 일본에 귀속시켜 미 공군의 기상관측소 및 레이더 기지로 활용하는 것이 바람직할 것이라는 제안서를 미 국무부에 제출한다. 이 제안서에서 시볼드는 "독도를 일본소속으로 할 것을 건의한다. 이 섬에 대한 일본의 주장은 오래 되었고 타당한 것으로 보이며, 반면 한국의 섬으로 간주하기는 어렵다고 본다."라고 주장했다. 이는 일본의 강력한 로비활동이 있었음을 말해주고 있다. 또한 독도에 미국의 기상관측소와 레이더기지 설치 등을 운운하며 안보적 고려가 필요하다고 언급하고 있는 것으로 보아 독도를 일본에 넘겨주면 미공군의 기상 및 레이더 기지로 제공하겠다는 양국 간의 물밑거래도 있었던 것으로 추정할 수 있다.

미국 정부는 이와 같은 시볼드의 건의를 수락하여 제6차 초안에서 처음으로 독도를 일본영토에 포함시켰다. 이에 따르면 "독도는 한국과 일본의 중간에 위치하고 있으며 1905년 일본이 공식적으로 자국영토라 선언하였고 이에 대한 한국의 공식적인 항의가 없었으며 일본은 이를 시마현 오키도 관할 하에 두었다."라고 일본의 입장을 그대로 대변하고 있다.

하지만 이 초안은 미국 정부 내부 및 영국, 오스트레일리아, 뉴질랜드 등의 반대의견에 봉착한다. 그리고 이어서 등장하는 제7차 초안부터는 결국 독도에 대한 영토 규정이 사라짐과 아울러 독도 명칭 그 자체가 아예 빠져버린 채 샌프란시스코 평화조약은 확정되고 만다. 즉 동 조약 제2장 제2호 a항은 "일본은 한국의 독립을 인정하며 제주도, 거문도, 울릉도를 포함한 한국에 대한 모든 권리 권원 청구권을 포기한다."라고 규정하고 있다. 이른바 일본이 포기해야 할 섬 이름에 독도가 빠져버린 것이다.

이에 대해 일본은 일본이 포기해야 할 섬에서 독도가 빠졌으므로 당연히 일본 영토임을 인정받았다고 주장하고 있다. 그러나 이는 두 가지 점에서 사실과 다르다.

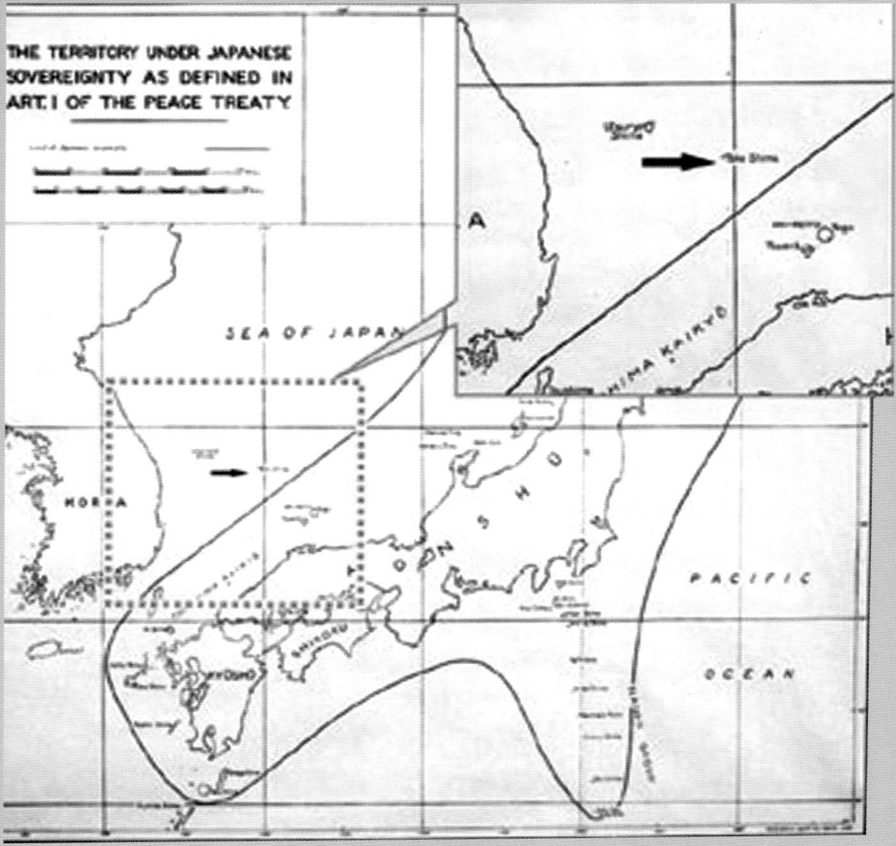

: : 1951년 샌프란시스코평화조약 준비과정에 영국이 작성한 지도.
화살표로 표시된 부분이 다케시마로 표기된 독도. 한국영토에 포함되어 있다.

첫째, 일본이 포기해야 할 섬으로 열거되지 않은 섬, 즉 제주도, 거문도, 울릉도를 제외한 거제도, 남해도 등 무수히 많은 한반도에 부속된 섬들은 일본 주장대로라면 일본 영토가 되어야 한다. 다시 말해 조약에서 언급한 섬들은 하나의 예시적인 것으로 일본이 포기해야 할 모든 섬을 열거한 것은 아니다.

또한 위에서 언급한 대로 샌프란시스코 평화협정 이전에 연합군 최고사령부의 지령 677호에 의해 독도는 한국영토로 명문화되었기 때문에 이를 변경하기 위해서는 별도의 지령이나 이보다 상위의 명문규정이 존재하여야 한다. 물론 샌프란시스코 평화조약에서 제6차 초안대로 독도가 일본 영토라고 규정했다면 지령 677호의 독도관련조항은 그 효력이 정지되고 독도는 일본영토가 되었을 것이다. 그러나 샌프란시스코평화조약에서 독도가 아예 빠진 이상 독도는 평화조약 이전의 연합국의 결정에 따라 명백하게 한국영토로 규정되었던 사실이 계속 유효하게 된 것이다.

또한 평화조약은 1951년 9월 체결되었다. 따라서 체결 당시에 이미 독도는 연합국의 결정에 의해 합법적으로 대한민국 영토에 편입되어 대한민국의 주권이 완벽하게 행사되고 있었다는 점이다. 그러므로 평화조약에서 특별히 언급한 사실이 없었던 것으로 보아 그 당시 한국의 주권이 행사되는 한국의 영토라는 것을 사실상 인정했다는 해석이 가능한 것이다.

국제사법재판소에 독도 문제를 회부하자는 주장에 대한 반론

이와 같이 역사적으로나 국제법적으로 독도가 명백하게 한국영토라면 국제사법재판소의 판결을 통해 한국영토라는 것을 확인하는 것이 분쟁의 씨앗을 제거해 버리는 효과적인 방법이라는 주장은 일견 타당해 보인다.

그러나 역설적으로 말해 확실한 한국영토를 가지고 굳이 국제사법재판소의 판결을 구할 필요가 없다는 것이다. 예를 들어 일본이 제주도를 일본땅이라 주장한다고 해서 우리가 국제사법재판소에 그 결정을 구할 필요가 없는 것과 같은 논리이다.

국제사법재판소에 제소하게 되면 독도는 국제법적으로 양국 간의 분쟁지역이 되고 만다. 일본이 국제사법재판소의 판결을 구하자고 하는 저의에는 일차적으로 독도를 분쟁지역으로 국제사회에 선포하고자 하는 속셈이 깔려 있다. 한국이 이를 거부할 것임을 잘 알면서도 계속 주장하는 이유는 국제사회에서 이를 쟁점화하고, 한국이 독도가 자국 영토라는 주장에 대해 국제법적으로 타당성이 결여되어 있기 때문에 이를 기피하고 있다고 선전하려는 것이다. 또한 국제사법재판소는 국제법적 논쟁과 아울러 국가 간의 힘의 논리가 작용할 가능성도 배제할 수 없기 때문에 일본은 독도 문제를 국제사법재판소의 판단에 맡기자고 주장하고 있다.

일본정부는 해방 후 역사적으로나 국제법적으로 한국영토임이 더욱 분명해지고 한국 정부의 실효적 지배가 유효하게 계속됨에 따라 1954년 9월 23일자로 한국정부에 독도 문제를 다음과 같이 국제사법재판소에 회부하자는 제안을 했다.

"문제가 국제법의 기본원리의 해석을 포함한 영유권 분쟁인 만큼 분쟁을 판결하기 위하여 국제사법재판소에 위탁하는 것이 오직 평등한 해결책이 될 것이다. 일본정부는 일본정부와 한국정부의 상호합의에 의하여 분쟁을 국제사법재판소에 회부할 것을 제안한다."

일본정부는 독도 문제를 양국간 영토분쟁으로 설정하고는 이를 해결하기 위해 국제사법재판소에 한일 공동으로 회부하자는 입장을 분명히 하고 있다. 이는 이미 한국의 영토인 독도를 양국간 영토분쟁지역으로 만들어 한국과 최소한 대등한 지위를 확보하고자 하는 의도인 것이다.

이에 대해 한국 정부는 1954년 10월 28일자로 다음과 같이 이를 단호히 거절한다.

"한국은 독도에 대하여 처음부터 영유권을 갖고 있으며, 한국은 어떠한 국제법정에서도 그 영유권을 보장받아야 할 아무런 이유가 없다. 일본은 영토분쟁이 존재하지 않는 데도 가짜 영토분쟁을 만들어 내고 있다. 독도 문제를 국제사법재판소에 회부하자고 제안함으로써 일본은 비록 일시적이라도 소위 말하는 독도영토분쟁과 관련하여 한국과 대등한 입지를 확보하려고 시도하고 있다. 이를 통하여 타협할 필요도 없고 분쟁의 여지도 없는 완벽한 한국의 독도영유권에 대하여 일본은 가짜 청구권을 확보하자는 것이다."

이와 같이 한국정부가 독도에 대해 단호한 입장을 취하는 근본적인 이유는 독도가 이제까지 살펴본 바와 같이 역사적으로나 지리적으로, 나아가 국제법적으로도 대한민국의 고유 영토이기 때문이다. 혹자는 우리가 패소할지도 모르기 때문에 제소를 받아들일 수 없다고 주장하지만 이는 타당한 이유가 될 수 없다. 우리 정부가 국제사법재판소에 회부하자는 제의를 거부하는 것은 국제법적으로 우리의 영토가 분명하고, 우리의 주권이 완벽하게 미치는 독도를 새삼스레 누구의 영토인지 모르니 판단해 달라고 국제사법

∷ 평화의 궁전으로 불리는 ICJ(국제사법재판소) 전경

기관에 위임하는 것 자체가 우리 스스로 독도를 포기하는 것과 진배 없기에 고려의 대상이 될 수도 없는 것이다.

그렇다면 '일본이 독자적으로 독도 문제를 국제사법기관에 회부할 수 있는가?' 라는 의문이 생긴다. 결론적으로 '국제법상 그렇게 할 수 없다'가 답이다. 설사 단독으로 간다 하더라도 한국의 동의가 없는 이상 요건미달로 각하된다. 국내 법원과 달리 원칙적으로 국가 간의 문제를 다루는 국제사법재판소를 비롯한 국제법원은 당사자 간 합의가 없는 한 그 문제를 독자적으로 다루거나 어느 일방의 회부에 의해 이를 심리할 수 없기 때문이다. 따라서 독도 문제에 관한 한 우리 정부가 동의하지 않는다면 국제사법재판소에 회부될 여지는 전무하다.

일부에서는 일본이 독도 문제를 놓고 한국과 무력충돌을 일으켜 주변 강대국의 강제 중재로 우리의 의사와 상관없이 국제법원에 제소될 가능성을 제기하고 있다. 그러나 혹시라도 독도에 대한 일본의 무력도발이 있을 경우 이는 한국영토에 대한 침략행위이며 유엔헌장에 정면으로 위배되는 전쟁행위이다. 따라서 대한민국을 포함한 국제사회는 이를 단호하게 응징할 것으로 판단된다.

또한 국제사법재판소의 강제적 관할권을 주장하는 일부의 우려도 있다. 그러나 국제법원에 일반적이고 법률적인 사항에 관하여 강제적 관할권을 부여하자고 국제사회가 완전히 합의할 것이라 기대하기란 어렵다.

따라서 우리의 의사와 상관없이 국제사법재판소를 비롯한 국제법원에 독도 문제가 회부될 가능성은 지금 현재로서는 없다고 할 것이다. 단지 독도를 둘러싸고 한일간에 무력충돌, 즉 전쟁상태가 발생한다면 강대국을 중심으로 한 유엔, 특히 안전보장이사회의 개입은 필연적이다. 다만 일본이 독도를 두고 한국과 일전을 불사하여 국제사회의 비난의 중심에 스스로 등장하지는 않을까 하는 우려 섞인 가설은 논외로 하자. 현재로선 그럴 가능성이 희박한 단지 가설에 불과하기 때문이다.

독도와 배타적 경제수역

배타적 경제수역Exclusive Economic Zone: EEZ이란 영해기선으로부터 200해리까지의 해역으로 연안국이 그 지역의 자연자원의 탐사 · 개발 및 보존에 관하여 주권적 권리를 가지며, 해양오염 및 과학적 조사에 대하여 배타적 관할권을 행사하는 반면 제3국은 항해 및 상공비행의 자유와 해저케이블 설치의 자유가 보장되는 해역을 말한다. 따라서 연안으로부터 200해리까지는 해수면은 물론 해저와 그 하층토의 자연자원에 대하여도 연안국의 주권적 권리가 미치는 영역이다. 때문에 배타적 경제수역은 대륙붕 및 배타적 어업수역의 개념을 모두 포함하는 것이라고 볼 수 있다.

전 세계의 연안국 모두가 200해리의 배타적 경제수역을 선포할 경우 바다 전체의 약 36%가 이에 해당된다. 이는 바다 전체의 면적에 비하면 비교적 적은 부분이다. 하지만 상업적으로 어획 가능한 어족의 약 90% 및 해저 석유 매장량의 약 87%가 연안국의 배타적 경제수역 내에 해당된다고 보면 실질적으로 활용 가능한 바다의 거의 대부분이라 해도 과언이 아니다.

배타적 경제수역의 등장으로 대부분의 해양자원이 자유롭게 접근할 수 있는 공해상의 공유재산에서 연안국의 배타적 재산으로 이전되었다고 할 수 있다. 또한 대부분의 과학적 조사가 이 해역에서 이루어지며 세계 중요한 해상 교통로가 배타적 경제수역을 통과하고 있다. 따라서 배타적 경제수역을 설정할 수 있는 영토의 범위를 정하는 것이 중요한 과제로 등장하게 되었다. 육지영토가 바다 쪽으로 최대 200해리까지 배타적 경제수역을 갖는다는 것에 대해 국제법상 이론의 여지가 없지만 섬의 경우에는 여전히 논쟁의 여지가 남아 있다.

1920년대부터 섬이 독자적인 해역을 가질 수 있는 구체적인 조건을 정하여야 할 필요성이 제기되었다. 영해의 개념이 확립된 이후 육지와 섬 간에 실질적인 차이가 없이 국가주권이 미치는 해역의 설정이 인정되었다. 이 당시만 하더라도 대륙붕이나 배타적 경제수역의 개념이 법적으로 확립되지 않았기 때문에 영해의 설정에만 국한된 문제였다. 그 이후 대륙붕과 배타적 경제수역의 개념이 국제법으로 인정되자 이들을 설정할 수 있는 섬의 범위를 정의하고자 하는 노력이 계속되었다.

유엔해양법협약에서는 섬에 관하여 제8부에서 종합적으로 다루고 있다. 먼저 제121조 제1항은 앞서 체결된 1958년 제네바 영해협약 제10조 제1

항과 동일하게 섬을 "고조시에 수면 위에 있고, 바다로 둘러싸인, 자연적으로 형성된 육지지역"으로 정의하고 있다. 이 정의에 따르면 섬은 자연적으로 형성된 육지의 영역이기 때문에 인공섬은 당연히 제외된다.

따라서 독도는 이 정의에 따라 당연히 섬이다. 이에 대해 일부 학자들은 독도가 섬이 아니고 암석이라고 주장하지만 순수한 법률적 의미에서 볼 때 독도는 고조시 수면 위에 있고 자연적으로 형성된 땅이기에 유엔해양법협약의 규정에 따라 당연히 섬이다. 이어도는 우리가 일반적으로 섬이라 부르지만 고조시에도 수면 하에 있는 암초이기 때문에 국제법상의 섬이라 볼 수 없다.

이어서 섬의 경우 일반적으로 유엔해양법협약 제121조 제2항에서 다음과 같이 영해, 접속수역, 배타적 경제수역 및 대륙붕을 가지는 것으로 선언하고 있다.

> "제3항에 규정된 경우를 제외하고는 섬의 영해, 접속수역, 배타적 경제수역 및 대륙붕은 다른 영토에 적용 가능한 이 협약의 규정에 따라 결정한다."

그러나 모든 섬들이 다 육지 영토와 동일하게 배타적 경제수역과 대륙붕을 가지는 것은 아니다. 동조 제3항은 이들 섬 중에서 배타적 경제수역과 대륙붕을 가질 수 없는 섬들을 다음과 같이 규정하고 있다.

> "인간이 거주할 수 없거나, 독자적인 경제활동을 유지할 수 없는 암석은 배타적 경제수역이나 대륙붕을 가지지 아니한다."

그러나 여기에서 인간이 거주할 수 없거나, 독자적인 경제활동을 유지할 수 없는 암석은 대륙붕 및 배타적 경제수역을 갖지 못한다고만 규정하고 있을 뿐 이와 같은 암석의 크기나 기준에 대하여는 언급이 없다. 또한, 인간의 거주 및 독자적 경제활동에 대하여도 구체적 조건이나 내용이 없어 규정 자체가 매우 추상적이다.

암석의 크기에 관련하여 허지선Hodgson은 암석을 2590m² 이하의 면적을 가진 것으로 정의하고 있으나 국제수로국International Hydrographic Bureau에 따르면 1백만m²보다 작아야 한다고 규정하고 있어, 두 정의 간에 약 400배 정도의 차이가 나며, 유엔해양법협약은 어떠한 크기를 염두에 두었는지는 알 수 없다.

또한 인간이 거주할 수 있거나 독자적인 경제활동을 유지할 수 있어야 한다는 두 가지 조건의 의미도 매우 불명확하다. 첫째 조건인 인간이 거주할 수 있어야 한다는 의미는 사람이 실제로 거주하고 있다는 사실적 내용이 아니라, 사람이 거주할 수 있는 조건을 갖추고 있어야 한다는 뜻으로 해석된다. 그러나 사람이 거주할 수 있는 조건에 대해서는 구체적인 언급이 없다. 일반적으로 자체에서 물을 확보하지 못할 경우 사람이 생존할 수 없다고 판단되지만 육지로부터 공급받을 수 있는 시설을 갖추거나 정수시설이 있을 경우에는 달리 해석할 수도 있을 것이다. 둘째 조건인 독자적인 경제활동의 유지라는 개념도 모호하다. 암석 주변의 어족자원을 고려한다면 모든 암석은 최소한의 경제적 생활을 유지하는 데에는 별 문제가 없다고 할 수 있으며, 따라서 유엔해양법협약 제121조 제3항의 요건을 충족시키지 못하는 암석은 거의 없다고도 할 수 있다.

이와 같이 섬의 조건으로 사람의 거주 및 경제적 생활을 최초로 언급하고 이에 대한 해석을 시도한 것은 대영제국 영해의 범위를 정한 1923년 제국회의 결의서Resolution of the Imperial Conference 1923이다. 결의서 4는 섬을 보통 통상적 상황에서 고조시 수면 위에 드러난 영구적으로 사용이 가능하거나 거주할 수 있는 영토로 정의하고 있으며 동 결의서의 주석에서는 이를 다음과 같이 해석하고 있다.

> "'사용 또는 거주가능' 이라는 문장은 타협의 산물로 채택되었다. 사용 가능하다는 의미는 인공적 가미 없이 사계절 내내 명확한 상업적 또는 국방상 목적으로 사용 가능한 것을 의미하며, 거주 가능하다는 의미는 인공적인 가미 없이 사람이 영구적으로 거주 가능한 것을 말한다. 이와 같은 기준은 많은 경우에 분쟁의 대상이 된다는 점은 인정하지만 현실적으로 여러 가지 다양한 요소들을 고려해야 하기 때문에 이보다 더욱 명확하게 정의한다는 것은 기대하기 어렵다. 전혀 비판의 대상이 되지 않는 기준을 선택하기란 불가능하다고 판단된다."

모든 비판을 피할 수 있는 완벽한 기준의 선택이 불가능하다는 점은 공감할 수 있지만 유엔해양법협약 제121조 제3항은 최소한 위에서 언급된 '인공적인 가미 없이' 라는 조건만이라도 추가하여 좀더 자세하게 규정하였어야 했다. 이 조항은 혼란과 분쟁을 야기할 뿐, 세계 도처에 수없이 존재하는 섬이나 암석에 대한 법적인 해결 근거를 제공하지 못하고 있다.

그러나 이 조항이 규정하는 대상과 목적에 비추어 통상적 의미로 액면 그대로 해석한다면 사람이 거주가능하다는 뜻은 상당기간 동안 사람이 거주할 수 있는 필요한 시설을 특별한 어려움 없이 즉시 설치할 수 있는 조건을 의미하며, 독자적으로 경제생활을 지속할 수 있다는 것은 식수, 식량 등 생존을 위한 기본적인 수요를 섬 자체의 자원으로 상당기간 충족시킬 수 있는 상태를 의미한다고 보는 견해도 있다. 이 견해에 따르면 식수를 공중수송이나 배관의 설치로 연안에서 공급하는 등 통상적 의미에서 사람이 독자적으로 경제생활을 영위할 수 없다고 판단되는 불모의 암석의 경우에는 대륙붕이나 배타적 경제수역으로 인정되지 않는다고 본다.

여기에서 과연 독도는 유엔해양법협약상 배타적 경제수역과 대륙붕을 주장할 수 있는 섬인가 하는 문제가 대두된다. 문제의 핵심은 독도가 인간이 거주할 수 있고 독자적 경제생활을 유지할 수 있는 섬이냐의 여부이다. 독도에 현재 사람이 살고 있다는 것이 결정적인 요인은 아니다. 사람이 독자적으로 경제생활을 영위하면서 사람이 살 수 있는 요건을 독도가 갖추고 있느냐의 여부이다.

이에 대해 국내 학자들 사이에도 의견이 일치하지 않고 있다. 독도가 외부지원 없이는 독자적인 경제생활을 영위할 수 없다는 점에서 배타적 경제수역과 대륙붕을 가질 수 없는 암석으로 보는 견해와 현재 어업자원만으로도 인간이 생존가능하며 독자적 경제생활을 영위할 수 있다는 점에서 양자를 주장할 수 있는 섬으로 보아야 한다는 견해가 대립되고 있다.

이와 같은 주장이 대립되는 근본적인 이유는 유엔해양법협약 제121조 제3항의 모호성 때문이다. 인간이 거주할 수 없거나 독자적인 경제활동을 유지할 수 없는 암석은 대륙붕 및 배타적 경제수역을 갖지 못한다고만 규정할 뿐 객관적인 암석의 크기에 관하여는 언급이 없다. 또한 인간의 거주 및 독자적 경제활동에 관하여도 구체적 내용이 없어 매우 모호하며 주관적이기 때문이다.

한일어업협정 개정 및 배타적 경제수역의 경계획정에 관한 협상시 우리나라는 공식적으로 독도가 배타적 경제수역을 가지는 섬이라고 주장하지 않고 있으며 독도의 영유권을 손상시키지 않는 범위 내에서 신축성을 보이고 있다. 그러나 실제로 많은 국가들이 무인고도에 대해 200해리의 배타적 경제수역을 설정하고 있다. 또한 독도는 해석의 여지에 따라 인간의 거주나 독자적인 경제생활이 가능하며, 앞으로 국제재판소에 의한 유엔해양법협약 제121조 제3항의 해석을 통하여 섬이나 암석의 조건이 분명해질 것으로 기대된다는 점에서 한일간 배타적 경제수역의 경계획정 시 독도가 배타적 경제수역을 갖는 섬이라고 적극 주장하여 이를 협상대안으로 충분히 활용하여야 한다고 판단된다.

1998년 한일어업협정과 독도

한일 간의 해역은 양국이 각기 200해리의 배타적 경제수역을 가질 수 있을 만큼의 충분한 해역이 보장되어 있지 않기 때문에 전 해역이 양국의 배타적 경제수역의 범위에 포함될 수밖에 없다. 그러나 양국은 1998년 체결된 신한일어업협정에서 원활한 합의에 도달하기 위하여 어느 한 나라의 배타적 경제수역에도 속하지 않는 중간수역을 설정하였다. 따라서 중간수역이란 양국이 배타적 경제수역이라고 주장하는 영역이 서로 겹쳐지게 되는 수역을 의미한다.

그러나 신한일어업협정상 이에 대한 공식 명칭은 존재하지 않으며 단지 좌표로만 표시되어 있을 뿐이다. 이 점에서 한중어업협정에서 공식적으로 잠정조치수역 및 과도수역을, 중일어업협정에서 잠정조치수역을 공식적으로 지칭한 것과 차이가 있다. 이는 서로 명칭을 둘러싼 갈등의 소지를 피하고자 하는 쌍방의 의도가 일치했음을 보여주고 있다. 단지 편의상 한국은 중간수역이라 부르고 일본은 잠정수역이라고 칭하고 있다.

한일어업협정 제1조에 의하면 이 협정은 대한민국의 배타적 경제수역과 일본의 배타적 경제수역에 공히 적용한다고 규정하고 있어 중간수역도 양국의 배타적 경제수역에 포함됨을 밝히고 있다. 그러므로 한일 간에 합의한 중간수역은 제3국이 어로의 자유를 포함한 해양자유의 원칙을 향유할 수 있는 공해상의 수역이 아니라 양국의 배타적 경제수역 내에 있는 수역으로 제3국에 대하여는 양국의 배타적 경제수역에 관한 법률이 적용된다고 할 수 있다. 중간수역이 공해와 유사한 수역 또는 공해적 성격의 어로수역이라는 일부의 주장은 한일 양국 어선의 자유로운 조업이 보장된다는 점에서 한일 양국에 대하여는 그 타당성이 일면 인정될 수 있으나 한일 양국의 합의나 승인 없이는 제3국의 자유로운 어로행위가 허용되지 않으므로 모든 국가의 자유로운 조업이 보장되는 공해와는 그 성격이 완전히 다르다는 점에서 재고되어야 한다.

한일어업협정 제1부속서에 따르면 동해 중간수역에서는 자원관리에 관한 한 상대방 국가의 국민 및 어선에 대해 자국의 법령을 적용하지 않기로 되어 있으며 이는 이른바 선적국이 관할권을 행사하는 기국주의가 적용됨을 의미한다. 따라서 모든 국가 관할권은 양국의 합의 없이는 공동으로 행사할 수 없으며 각국이 자국민과 어선을 대상으로 각자의 관할권을 행사한다. 그러므로 중간수역에서의 양국의 자유로운 어업활동은 원칙적으로 보장되며 양국이 합의하지 않는 한 중간수역에서 총어획량을 설정하거나 어획조건을 정하여 상대국에게 이에 대한 이행을 강제할 수 없다. 다만 당사국은 해양생물자원의 보존을 위하여 한일어업공동위원회의 협의결과에 따른 권고를 존중하며, 업종별, 어종별 조업실적 및 관련정보를 상호 제공하도록 규정하고 있다(제1부속서 제2항). 그러나 국제법상 권고는 그 자체만으로 법적 구속력이 없으며 어업공동위원회의 권고가 있다 하더라도 이의 이행 여부는 전적으로 양국의 자유재량에 달려 있다. 따라서 일부주장과 같이 공동관리의 개념은 전혀 포함되어 있지 않다고 볼 수 있다.

그렇다면 이러한 중간수역의 설정이 독도의 영유권에 어떠한 영향을 미치느냐의 문제에 대해는 정확한 분석이 요구된다. 한일어업협정을 통하여 독도영유권이 우리 측에게 확실하게 법적으로 보장되었느냐 하는 것과 그렇지 않다면 종전의 협정과 비교해 볼 때 어떤 변화가 있느냐 하는 문제이다.

한일 양국은 새로운 어업협정을 체결하면서 기존의 독도 영유권 문제에 영향을 주지 않으려고 노력한 흔적을 여러 곳에서 찾아볼 수 있다. 신한일어업협정 제15조는 동 협정이 어업에 관한 사항 외의 국제법상의 문제에 관한 각 체결국 쌍방의 입장을 해하는 것으로 간주되지 아니한다고 규정하고 있다. 이는 독도의 영유권 문제는 한일어업협정의 대상이 아니며 기존의 입장에 영향을 주지 않는다는 원칙을 확인한 것으로 보여진다. 따라서 독도에 대한 한국의 실효적 지배를 인정하면서 일본도 영유권에 대한 주장을 유지하는 현실을 그대로 재확인한 것으로 볼 수 있다.

따라서 신한일어업협정상에서도 일본은 독도에 대한 영유권을 공식적으로 포기하지 않았으며 우리는 독도를 국제법적으로 당사국의 합의에 의해 우리의 영토로 확실히 보장받지 못했으므로 종전의 협정보다 우리 측 입장이 강화된 것이 아니라는 점은 명백하다.

그렇다면 두 번째 문제와 관련하여 과연 신한일어업협정으로 독도의 영유권이 종전의 구협정체제보다 훼손되었느냐 하는 것이다. 이에 대해 일부에서는 이번 어업협정은 한국영토임이 분명한 독도의 영유권을 확인하지 못하고 회피한 합의안으로 평가한 뒤 신어업협정에는 독도가 표시되어 있지 않으며 독도를 공동관리의 성격이 강한 중간수역 안에 포함시킴으로

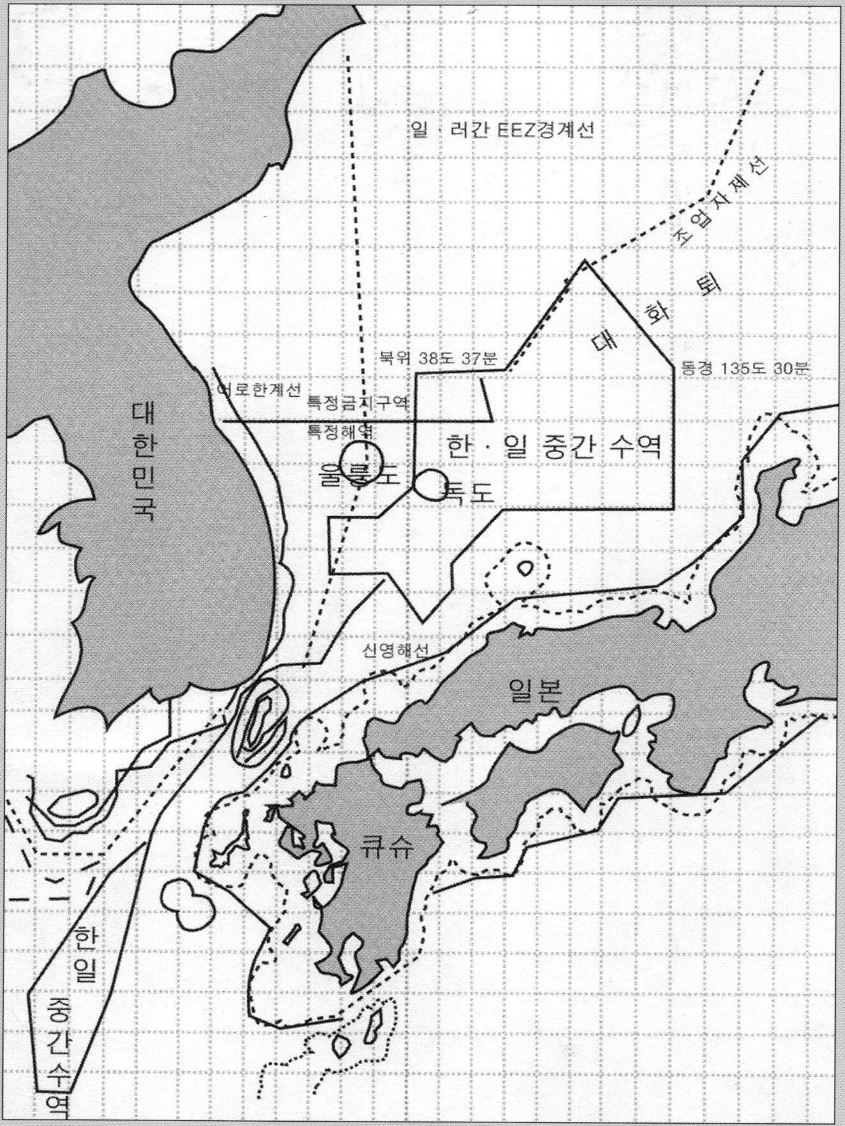

일 · 러간 EEZ경계선
조업자제선
대화퇴
북위 38도 37분
동경 135도 30분
어로한계선
특정금지구역
특정해역
한 · 일 중간 수역
대한민국
울릉도
독도
신영해선
일본
큐슈
한일 중간수역

한일어업협정체결도

써 실효적 지배는 존속된다 할지라도 국제법상 영유권에 하자가 발생할 수 있다고 비판하고 있다.

반면 다른 한편에서는 독도의 영유권은 한국의 실효적 지배에 영향을 주지 않는 상태에서 현상황을 유지하기로 합의했고, 12해리의 영해도 가지게 되었다는 점에서 가장 현실적인 타협이었다며 독도에 대해서는 1965년 구어업협정체결 당시에도 현상유지라는 해결책을 택할 수밖에 없었다는 현실론을 피력하고 있다.

한국의 입장에서는 한일어업협정을 통하여 독도의 영유권 문제를 확실히 하여 우리의 영토로 인정받고 향후 분쟁의 소지를 없애는 것이 바람직하지만 일본도 독도의 영유권을 포기하고 있지 않은 현실에 비추어 볼 때 이를 관철하기에는 현행 한일 관계상 불가능하다 할 수 있다. 따라서 양국의 민감한 영토문제인 독도 문제를 구체적으로 거론하지 않고 현상유지를 택한 것은 불가피한 선택이었다고 할 수 있다.

그러나 신어업협정에 독도가 표시되지 않았기 때문에 영유권이 훼손되었다는 주장은 그 타당성이 없다. 왜냐하면 구협정에서도 독도는 구체적으로 표기되지 않았으며 울릉도 등 다른 우리 섬이나 오키 도 등 일본 섬들도 신 · 구 한일어업협정에 구체적으로 표시되지 않았기 때문이다.

독도의 주변해역이 종전에는 국제법상 공해의 지위를 확보하고 있었으나 새로운 한일어업협정으로 사실상 공동관리구역인 중간수역에 놓임으로써 우리나라의 영유권이 종전보다 약해지고 일본의 주장이 강해질 우려가 있다는 견해도 있다. 독도 주변해역이 종전에는 공해의 지위를 갖고 있었다는 점은 명백한 사실이다. 공해에는 어로자유가 보장되므로 어업적 의미에서의 공해란 모든 국가의 자유로운 조업이 보장됨을 의미한다. 그러나 신한일어업협정에 따라 독도주변해역은 중간수역으로 바뀌었다. 중간수역의 법적 의미는 앞에서 살펴본 바와 같이 한일 양국의 어선이 양국의 국내적 규정에 따라 자유로운 조업이 보장되는 해역이다.

따라서 독도 주변해역이 모든 국가의 자유로운 조업이 보장되는 공해에서 한일 양국의 자유로운 조업이 보장되는 중간수역으로 바뀌었다고 해서 독도에 대한 한국의 영유권의 지위가 종전보다 약해졌다고 볼 수는 없다.

또한 중간수역이 설정되었으므로 일본 어선이나 경비정들의 독도접근이 용이하게 되었다는 주장도 그 근거를 전혀 찾아볼 수 없다. 독도가 종전과 마찬가지로 12해리의 영해를 가지며 울릉도가 독자적인 35해리의 배타적 경제수역을 가지므로 독도와 울릉도의 거리가 약 47.4해리임을 고려해 볼 때 울릉도와 독도 사이에는 사실상 0.4해리의 중간수역밖에 존재하지 않는다. 그러므로 일본어선의 독도 영해 내 침범 가능성이 증대했다고 볼 수 없으며 오히려 종전에는 독도와 울릉도 사이에 자유로운 접근이 가능한 23.4마일의 공해가 있어 일본선박의 독도 접근이 더 용이했다고 볼 수 있다. 또한 앞으로 배타적 경제수역의 경계획정시 일본이 주장할 수 있는 독도와 울릉도 사이의 중간선 설정은 신어업협정에서 울릉도가 35해리의 배타적 경제수역을 확보하였으므로 그 근거가 상실되었다고 볼 수 있다.

결론적으로 새로운 어업협정은 독도의 영유권 문제를 근본적으로 해결하지는 못하였지만 제15조에서 이 협정의 어떠한 규정도 어업에 관한 사항 외의 국제법상 문제에 관한 각 체결국의 입장을 해하는 것으로 간주되지 않는다고 규정하고 있어 기존의 독도의 지위에 대하여 아무 부정적인 영향도 주지 않는다고 할 수 있다. 우리나라의 헌법재판소도 2001년 3월 1일 헌법소원에 대한 판결을 통하여 한일어업협정은 독도영유권과 무관하다고 판시하였다. 그 이유로는 동 협정은 어업문제를 다루는 잠정협정이기 때문이며 중간수역은 양국의 배타적 경제수역이 중첩되어 불가피한 상황에서 설정된 것으로 보고 있기 때문이다.

따라서 신한일어업협정으로 인하여 우리의 독도영유권 주장이 종전보다 약해졌다고 볼 수 있는 이론적 근거를 찾아낼 수 없으며 일부 학자들이 그렇게 주장하는 그 자체가 오히려 영유권에 대한 분쟁을 표면으로 부각시켜 우리의 입장을 더욱 약화시킬 수 있는 빌미를 제공할 수 있다는 점을 간과해서는 안 될 것이다.

또한 일본에서는 신한일어업협정 체결 이후 독도의 영유권이 일본 측에 유리하게 작용할 것이라는 주장이 제기되지 않은 반면 우리 측에서만 영유권이 침해되었다고 주장하는 것은 국익에 전혀 도움이 되지 않는다고 볼 수 있다.

해양경계에 대한 국가간 합의가 영토 또는 도서의 영유권에 미치지 않는다는 사실은 국제사법재판소의 여러 가지 판례에 잘 나타나고 있다. 국제사법재판소는 1953년 영국과 프랑스 간 멩키에르 및 에크레오Minguirers &

Encrehos 섬의 영유권 분쟁사건에서 1839년 영국과 프랑스가 어업협정을 체결하여 동 섬들의 주변해역을 양국의 공동어로수역으로 설정한 것 자체는 양 도서의 영유권에 영향을 미치지 않는다고 판시하였다.

1992년 국제사법재판소 특별부는 엘살바도르와 온두라스 간의 영토 · 도서 · 해양경계사건에서 역사적 수역Historic Waters을 점유하던 국가의 승계국가인 당사국들의 공유수역체제Regime of Shared Ownership of Maritime Spaces와 공유수역 내의 도서에 대한 영유권은 별개로 보았다. 이들 도서에 대한 영유권은 이들을 둘러싼 수역의 법적 지위에 따라 영향을 받지 않으며 별도의 다른 기준으로 결정된다고 판시하였다.

또한 국제사법재판소는 2001년 카타르와 바레인 간 해양경계획정 및 영토분쟁사건에서 서로의 권리 주장이 경합되는 수역 내에 있는 간출지Low-tide Elevation는 양국의 영해 기점으로 사용될 수 없으며 국제법상 도서가 관할권이 서로 경합되는 수역에 위치한다고 하여 그 영토적 지위에 대한 평가에 영향을 주지 않으며 영유권 문제는 영토 취득의 원칙에 따라 결정된다고 판시하였다.

위와 같은 국제사법재판소 판례를 종합해 볼 때 독도가 비록 한일 양국 간 어업협정을 통하여 양국어민이 자유롭게 조업할 수 있는 중간수역에 위치하고 있음에도 불구하고 독도의 영유권에는 하등의 영향이 없다는 것이 명백하다.

앞으로의 과제

지금까지 우리 정부는 독도 문제에 대해 비록 그 강도는 경우에 따라 조절되었지만 가급적 신중하면서도 조심스럽게 접근하여 왔다. 이는 현재 독도에 대해 우리나라의 주권이 실제적으로 행사되는 실효적 지배가 합법적으로 관철되고 있기에 굳이 일본을 자극하여 국제분쟁지역으로 만들지 않겠다는 의도가 있었기 때문이다. 아무런 분쟁 없이 독도에 대한 우리나라의 실효적 지배가 평화롭게 지속된다면 국제사회에서도 우리의 영토로 보다 공고히 확보될 수 있으리라는 실용적 차원에서의 접근방식을 택해 왔다.

이는 우리 땅을 왜 우리가 우리 땅이라고 적극적으로 주장하지 못하고 쉬쉬 하려고만 하는가라는 국내의 비판을 받아왔다. 또한 우리가 아무리 조용히 평화롭게 지배하려 해도 일본이 이를 뒤집기 위해 정치적 · 전략적 의도로 도발적인 행동이나 망언을 거듭해 왔기에 그 한계 역시 분명하다 하겠다.

이에 대해 노무현 정부 후기 이후 일본 시마네 현의 독도의 날 제정 선포와 이를 묵인 내지 조장하고 있는 일본정부에 대해 정식으로 이의를 제기하고 독도에 대한 출입을 대폭 확대하는 등 적극적인 공세적 자세를 견지한 바 있다. 이는 매우 바람직한 입장의 변화라고 여겨진다. 왜냐하면 우리가 일본을 자극하지 않으려고 조심스럽게 접근한다고 해서 일본이 이를 수용하느냐 하는 근본적인 문제에 부딪치게 되기 때문이다.

우리의 입장에서 아주 낭만적으로 접근하면 일본이 무려 36년 동안이나 한반도를 침탈해 그 실리를 두둑히 챙겼으므로 이제부터라도 한일관계를 새롭게 열기 위해서라면 철저한 과거반성과 더불어 그 증거로 국제법상 우리 땅이 명백한 독도를 한국영토로 공식적으로 인정해 주는 것이 일본의 입장에서도 매우 실리적이라 판단된다.

그러나 일본의 입장, 특히 일본의 정치권력은 그럴 의도나 기대가 전혀 없다. 아니 오히려 어떠한 수단방법을 동원하더라도 불법적으로 한국이 점령하고 있는 독도를 되찾아야 한다는 입장이 확고하다. 게다가 그들은 일본 전후의 젊은 세대들이 독도 문제에 대해 우리와 비교하여 그 관심이 덜하다고 인식하고 이들을 교육시켜야 한다고 주장하고 있다.

이의 일환으로 일본의 지도층은 계획적으로 독도는 일본영토라고 수시로 주장하고 나선다. 2005년 2월 시마네 현은 '다케시마독도의 날'을 제정하고, 2006년 3월 교육문부성은 독도는 일본땅이라는 내용을 교과서에 담도록 지침을 시달하였으며, 일본 외무성은 2008년 2월 『竹島-다케시마 문제를 이해하기 위한 10가지 포인트』라는 14쪽 분량의 팜플렛을 만들어 일어뿐 아니라 한국어와 영어로 작성하여 3월 8일부터 외무성 홈페이지에 게시하고 있다. 또한 2008년 7월 14일 일본정부는 공식적으로 독도를 한국에 빼앗긴 자국영토라는 내용의 교육안이 담긴 중학교 새 학습지도요령 해설서를 공표했다. 자라나는 어린 세대에게 교육을 통하여 독도는 반드시 되찾아야할 일본의 영토임을 주지시키기 위한 책동이다.

이와 같이 최근 들어 일본정부가 독도의 영유권에 대해 강력하게 대응하고 있는 것은 한국의 독도에 대한 영유권이 갈수록 공고하게 되자 국제사회에 독도가 최소한 한일 양국 간의 분쟁지역이라는 사실을 상기시키고자 하는 전술의 일환으로 볼 수 있다. 또한 일본 국민 특히 젊은 세대가 한국과 비교하여 볼 때 상대적으로 독도 문제에 대해 관심이 줄어드는 현실을 심각히 인식하고 이에 대한 교육과 홍보를 강화하여 국내 여론을 결집하고자 하는 것으로 보인다.

이에 대해 우리나라는 첫째, 독도 문제에 대해 자신 있게 대처해야 한다. 독도는 일본이 아무리 자기 땅이라고 주장해도 우리나라의 주권이 행사되며 실질적으로 점유하고 있는 우리 고유의 영토이다. 일본이 독도를 침탈할 수 있는 방법은 대체로 두 가지로 대별된다.

먼저 독도를 국제적 분쟁지역으로 만들어 국제사법재판소나 기타 국제법원의 결정이나 중재를 통하는 방법이다. 국제법원에 가는 것은 원칙적으로 우리 정부의 동의가 없는 한 불가능하다. 따라서 이는 실현가능성이 없다. 그렇다면 남은 하나의 방법은 결국 무력행사를 통해 독도를 침탈하는 것이다. 일단 일본이 이와 같은 모험을 감행할 만한 비이성적 국가라고는 생각하지 않는다. 만의 하나 이와 같은 일이 발생한다 하더라도 국제사회의 지지를 얻을 수 없을 것이다.

미국 등 국제사회의 입장은 독도 문제에 대해 원칙적으로 중립이다. 세계 어느 나라도 특별한 이해관계가 존재하지 않는 이상 다른 나라의 영토분쟁에 끼어들려고 하지 않는다. 그러나 중립이라는 입장은 긍정적으로 해석하면 독도에 대한 한국의 실효적 지배를 인정하거나 최소한 이를 문제삼고 있지 않다는 것이다. 그리고 이와 같은 입장은 앞으로도 계속될 것이다.

따라서 독도에 대한 주권행사가 우리나라에서 일본으로 바뀔 가능성은 거의 없다고 보아야 한다. 우리는 자신 있게 "독도는 우리땅" 이라고 강력하게 대응해야 한다.

둘째, 우리는 독도 문제에 대해 장기적이고 전략적으로 대처해야 한다. 독도에 대한 우리의 주권행사를 꾸준히 유지해야 하며 일본의 국제분쟁지역화 의도에 말려들지 않도록 냉철하고도 장기적인 대처방안이 필요하다.

독도행정사무소 설치, 독도생태계조사사업, 독도해양환경조사 등 미리 계획한 각종 조치들을 이제 확실히 실행해야 하며 독도 방문사업의 대폭적 확대 및 서울에 국립독도박물관 건립 등 대폭적인 투자가 요구된다.

그렇다고 해서 독도에 대형 콘크리트 구조물을 설치하는 등 대규모로 개발하자는 데는 신중을 기하여야 한다. 독도의 자연생태계가 파괴될 우려가 있기 때문이다. 독도 생태계를 약간 파괴해서라도 우리나라 영토로 확고히 자리매김하는 것이 중요하다고 주장하고 있지만 인공적으로 개발한다고 해서 우리나라의 영유권이 더 강화되는 것은 아니다. 또한 국제사회에 대해서도 우리의 주장이 일본을 압도할 수 있도록 체계적인 연구와 홍보가

:: 독도의용수비대

ⓒ독도박물관

필요하다. 정부차원의 노력은 물론 민간차원의 활동이 더욱 절실히 요구되는 시점이다.

아울러 독도가 역사적으로 우리 땅이라는 사실을 알 수 있는 많은 자료들을 종합적으로 정리함과 동시에 새로운 자료발굴과 연구에도 더욱 많은 관심과 투자가 요구된다.

독도는 우리가 제주도나 울릉도, 그리고 백령도나 홍도처럼 우리 국민이 소중히 가꾸어 나가야 할 문화유산이다. 또다시 우리의 후손들이 바다를 경시했기 때문에 영토를 빼앗겼다는 원망을 듣지 않도록 철저하게 대처해야 할 것이다.

: : 해양문화재단과 함께하는 독도 · 울릉도 문화탐방(2008.8.29)

2002
FIFA

독도 · 울릉도 기행

주강현

『세종실록지리지』(1454)와『고려사』지리지(1451),『신증동국여지승람』(1530) 등에 우산도와 무릉도가 표기되어있다. 이는 독도와 울릉도를 구분하여 표기한 것으로 여기서 우산도는 독도이며 무릉도는 울릉도를 말한다.『세종실록지리지』권153 강원도 울진현조에는 부속도서로 우산도와 무릉도를 열거하고, 두 섬이 멀지 않기 때문에 청명한 날에는 서로가 보인다고 하였다.

독도 · 울릉도 기행

독도 문제의 역사 · 문화적 고찰

독도 문제는 역사적으로 울릉도 문제에서 그 근간을 찾을 수 있다. 일찌감치 일본은 독도라는 무인도에 앞서 울릉도에 대한 영유권을 주장한 바 있다. 이것은 긴 세월을 두고 순차적으로 이루어졌으며 오늘날 독도 영토분쟁지역화 시도와 궤적을 같이 한다. 결국 독도 문제를 다루면서 울릉도에 대한 언급이 없다면 역사의 절반밖에 보지 못하는 것이다.

역사 이래로 울릉도는 우리 민족의 영토였다. 그 곁을 오롯이 지키고 있는 독도 역시 단 한 번도 이국의 땅이라 여겨진 적이 없다. 예나 지금이나 독도와 울릉도는 모자母子관계이며 순치脣齒관계이다. 세계해양사의 어느 곳에도 거주민이 있는 큰 섬을 제쳐두고 그 옆의 작은 무인도부터 챙긴 역사는 없다. 현재는 작은 무인도인 독도가 우리의 최대 관심사이지만 울릉도의 역사부터 차근차근 밟아나가야 할 것이다.

독도에 대한 일본의 영유권 시비는 비단 어제 오늘의 일이 아니다. 일본은 이미 15세기 초반부터 울릉도를 침탈하고자 시도하였다. 임진왜란 때는 울릉도 분략焚掠이 있었고, 17세기 말엽에는 울릉도 영유권 주장, 1890년대 이후 일본인들의 울릉도 불법 이주와 주거권 요구, 1905년의 독도병합선언에 이르기까지 마치 정해진 일정표처럼 차곡차곡 진행되어 왔다. 독도를 자국영토로 편입시킨 1905년의 경우만 놓고 보면 독도가 모든 문제의 핵심처럼 여겨진다. 그러나 역사적으로 독도 문제는 울릉도 문제이기도 하다.

울릉도와 독도 문제를 이해하는 데 가장 큰 혼선은 역시나 그 지명이 계속 시대를 달리하며 변화했다는 점이다. 예컨대 우산국을 비롯하여 '武陵무릉 · 羽陵우릉 · 于陵島우릉도 · 羽陵島우릉도 · 羽陵城우릉성 · 독섬' 등이 그것이다. 일본측의 명칭인 '竹島죽도'는 본디 울릉도를, '松島송도'는 독도를 지칭하였다. 그러나 일본은 1905년 독도를 병합하면서 독도를 죽도, 즉 다케시마라고 선언한다.

한일간 독도를 둘러싼 분쟁에 있어 가장 핵심을 이루고 있는 것이 바로 이 명칭의 문제이다. 그러므로 울릉도와 독도 자체의 명칭 변화, 그리고 일본 측의 '송도 · 죽도'를 둘러싼 독도 명칭의 혼선을 정확하게 역사적 단계마다 이해할 필요가 있다.

선사고고학적 발굴 성과를 보면 울릉도에는 청동기시대부터 거주민이 있었다. 울릉도는 이사부가 울릉도를 정복하기 전까지는 독립적인 섬나라였다. 이사부의 정복 이후 신라에 복속되기는 했으나 울릉도는 일정한 반半독립성을 유지하면서 역사를 꾸려 왔다. 그러던 울릉도가 고려시기(1019년 3월 27일) 동북여진의 공격으로 일시 궤멸된다. '도이의 난' 이후, 황폐해진 울릉도는 여말선초의 혼란을 틈탄 왜구의 출몰로 거듭 어려움을 겪는다. 이에 조선 조정은 울릉도에 섬을 비워두는 공도정책空島政策을 펼친다. 공도정책은 조선전기 이래 조선정부의 장기지속적인 도서정책이었다. 공도정책이 역사적으로 한계성이 있는 것은 사실이나 섬을 포기하는 정책은 아니었다. 조선은 연례적으로 수토사를 울릉도에 파견하여 관리하였다.

임진왜란 와중에 섬은 더욱 황폐해지고 왜구가 끊임없이 출몰했다. 한편으로, 민중들은 공도정책에도 불구하고 고려시대는 물론이고 조선전기에도 끊임없이 새로운 이상향을 찾아 '금단의 섬'이었던 울릉도로 숨어든다. 함길도 연안에서는 신도설新島說이 유포되고, 요도蓼島의 유언비어가 퍼져나가자 조선 조정의 이들 섬을 찾기 위한 집요한 노력이 시작된다. 공도정책이 펼쳐지고 있음에도 수토사를 섬에 파견한 것은 숨어사는 이들을 통제하려는 의도였다. 어쨌든 울릉도는 여전히 조선 사람의 몫이었다. 왜구는 간헐적으로 찾아드는 약탈자에 불과할 뿐 온전한 주인은 조선 사람이었다. 기록으로 남아 있지 않아 이력을 밝힐 수 없는 사람들이 울릉도를 지켜왔다.

1618년, 일본에서는 오늘날의 시마네 현, 즉 산음도山陰道를 중심으로 하여 오타니大谷·무라카와村川 두 가문이 울릉도 도해면허(-나중에는 독도를 포함한)를 에도江戶 바쿠후幕府로부터 획득하였다. 도해渡海란, 말 그대로 '일국에서 타국으로 넘어가는 면허'라는 뜻을 내포한다. 같은 나라 안에서는 도해면허를 발부할 필요가 없는 것이다. 임진왜란으로 어수선해진 틈을 타 두 가문은 무단으로 울릉도에 상륙했다. 그리고 마치 제 앞바다인 양 울릉도 근해의 어업을 독점했다. 전쟁의 와중에 있던 조선 조정은 이들의 만행을 먼 산 불구경하듯 대할 수밖에 없었다.

당연히 조선 어부들과의 충돌은 불가피했다. 하루아침에 생계의 터전을 빼앗긴 조선의 어부들이 이 상황을 지켜보고만 있을 리 만무했다. 이때 동래출신의 어부 안용복과 그 일행이 일본어부들과 충돌하는 사건이 빚어졌다. 안용복의 항의는 일본인의 울릉도 무단 침범에 대항한 조선인들의 주체적 반발이었다. 울릉도에서 어업독점을 누리려던 두 가문은 조선인의 격렬한 저항에 당면하자 조선인 어부 안용복 등을 일본으로 유인하여 울릉도가 일본영토임을 인정하도록 종용한다. 그러나 안용복은 이에 굴하지 않고 일본까지 넘어가 울릉도가 본디 조선 땅임을 주장하고 끝내 막부의 동의를 얻기에 이른다. 울릉도쟁계鬱陵島爭界, 즉 이른바 '죽도일건竹島一件'으로 외교사적으로 비화된 사건이 그것이다.

:: 수토사가 가져가던 태하동 황토구미

이 사건의 배경에는 일찍부터 조선의 울릉도를 소유하고 싶었던 쓰시마의 간계가 개입되어 있다. 쓰시마는 본디 왜구의 소굴로 기름진 울릉도를 소유하려는 야심에 그득 차 있었다. 그러나 안용복의 활약으로 쓰시마 도주

©주강현

∷ 도동항의 울릉도 개척 기념비

종의진宗義眞의 교묘한 울릉도 침탈 시도는 수포로 돌아갔고 에도 막부로부터 울릉도가 조선땅임을 확인받는다. 17세기 쓰시마의 음모는 한일영유권 논쟁의 역사적 예고편이었던 셈이다. 우리가 주목할 것은 안용복 사건 이후에 일본의 각종 문헌에는 울릉도와 독도가 조선영토임을 분명히 밝히고 있다는 점이다.

이상향으로서의 울릉도는 계속 조선의 유민流民을 유혹했다. 조선조정은 정부의 통제를 벗어난 이들로 인해 울릉도가 '반역의 섬'이 되는 것을 원치 않았다. 점차 공도정책은 쇠퇴하고 막대한 인력과 비용을 들여 수토정책을 진행시켰다. 유민은 조선조정의 통제 하에 섬의 개척자로, 섬의 주민으로 자리매김했다. 섬을 개척해온 선주민의 끊임없는 이입, 그리고 이에 대한 정부의 통제정책이 있었다는 것은 울릉도에 관한 영토적 인식을 증명한다. 수토정책이 정착되면서 울릉도 지형에 관한 인식도 새로 워졌으며, 독도의 위치를 정확히 인지하고 이를 지도에 반영하여 제대로 그리게 된다.

15세기 이래, 대항해시대의 파장은 한반도에도 미친다. 태평양을 누비며 향유고래잡이로 바다를 피로 물들였던 제국은 그 뱃머리를 동해로 향한다. 태평양의 고래들이 남획으로 씨가 마르자 고래잡이 선단은 동해까지 넘보게 된다. 1849년, 프랑스 포경선 리앙쿠르호는 독도를 '발견'하고 '리앙쿠르 락'이라 명명한다.

제국이 개입한 '지명의 발명'은 새삼스러운 일이 아니다. 독자적인 명칭과 역사를 무시하고 거만한 제국의 시선으로 마구잡이로 붙여진 이름들. 콜럼버스가 '발견'했다는 '인디언'도, '태평양'도 서구의 발명품이었고, '폴리네시안'·'멜리네시안'·'미크로네시안' 따위의 명칭도 서구인들이 만들어낸 작품이다. 대항해시대에 서구인들은 세계 바다에 제멋대로 지명

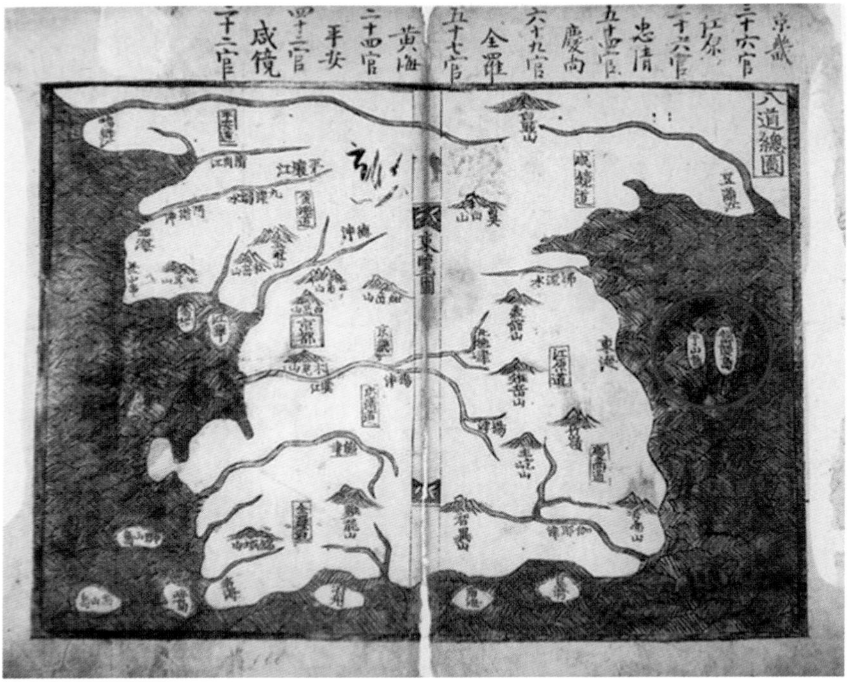

: : 『동국여지승람』의 부도인 '동람도' 중에 수록된 〈팔도총도〉_ 16세기 후반, 목판본, 영남대 박물관 소장

을 붙여버렸다. '리앙쿠르 락'이란 지명이 의미하는 바는 독도가 무인도로서 전혀 알려지지 않은 미지의 섬이며 그들이 최초의 발견자였음을 강조한다. 일본은 '리앙쿠르 락'이란 명칭을 선호한다. 국제사회에 본디부터 무인도였던 독도를 자신들이 선점했다고 주장할 수 있기 때문이다.

메이지 유신으로 일찍이 근대의 길로 접어든 일본은 러시아 블라디스보스토크에서 동해를 관통하여 일본으로 오는 항로를 개척하면서 동해의 요충지인 울릉도와 독도를 주목하였다. 이 과정에서 독도의 일본영토 편입을 주장하게 된다. 그러나 메이지정부 당시의 일본 최고의 의사결정기관인 태정관太政官은 독도와 울릉도 두 섬은 일본과 전혀 관계없음을 공지한다. 독도를 일본영토에 편입시키려는 움직임을 공식적으로 거부했다.

1876년의 병자수호조약 체결 이후, 일본인들이 울릉도로 대거 밀어닥친다. 개항장이 아닌 일개 도서에 대한 융단폭격적인 이주는 국제법상 불법이었다. 이것은 필연적으로 울릉도에 정착하고 있던 선주민들과의 갈등을 야기시켰다. 일본은 어획자원을 남획하였으며, 울릉도의 원시림을 남벌했다. 약탈적 어획을 감행한 주도세력은 시마네 현 오키 제도의 어민들이었다.

광무년, 고종은 신하들의 건의를 받아들여 '울릉도 경영'을 선포한다. 감찰사로 임명된 이규원은 울릉도를 샅샅이 조사한 결과, 『울릉도 감찰일기』를 보고한다. 감찰일기에 따르면, 울릉도에는 다수의 조선인이 들어와 살고 있었고, 특히 전라도 사람들이 많았다. 홍양고흥 등지에서 배를 끌고 와 한 해를 살면서 배를 짓고 해초미역를 말려서 새로 만든 배에 실어 돌아가곤 했다. 전라도 사람들에 의해 돌섬인 독섬으로 호칭되었으며, 독섬 > 독도 > 獨島로 차음되기에 이른다.

1900년, 고종은 공식적으로 관보官報를 통하여 독도의 조선영토 편입을 명한다. 독도는 명실상부하게 조선의 영토로 된다.

한편, 일본정부는 외무성과 해군성의 공모로 '리앙쿠르'의 일본 영토 편입을 서두른다. 강치바다사자잡이업자 나카이의 신청을 기회로 독도편입을 서두른 것이다. 러일전쟁의 와중에 동해는 격전장이 되었고, 독도에 간이 등대를 신속히 설치하기에 이른다. 해전의 중요한 요충지로 독도를 재삼 주목한 것이다.

1904년, '시마네 현 고시'로 비밀리에 독도의 일본 영토 편입을 가속화한다. 비법적으로 일개 현 고시로 독도를 편입시켜 '무인도'를 자연스럽게 편입한 것처럼 오도한다. 통감부시절에 편법 · 불법으로 이루어진 시마네 현 고시와 독도편입에 대하여 대한제국의 친일내각조차도 항의 · 거부할 정도였다.

1910년, 일제 강점기로 접어들면서 더 이상 독도문제는 세인들의 관심에서 사라진다. 독도의 일본편입은 지극히 당연한 것으로 일본인들(대다수가 아니라 일부 시마네 현 사람들)에게 인식된다.

시마네 현의 나카이는 독도에서 강치가 거의 멸종될 때까지 포획하였으며 가죽을 벗기고 기름을 짜냈다. 울릉도 도동을 중심으로 일본인 이주촌을 건설한 주역들 역시 시마네 현 사람들이었다. 그들은 신들의 고향인 이즈모出雲의 이즈모타이샤出雲大社의 신을 도동 신사에 모셔온다. 독도 및 울릉도에 관한 오늘날의 시마네 현 사람들의 집착은 이 같은 제국주의 침략과정에서의 '만들어진 역사관'이다.

그러나 제국침략과 지배에 대한 일말의 반성 없이 시마네 현 사람들은 무모한 집착과 침략의 의지를 끊지 못하고 있다. 시마네 현 사람들의 집착은 식민주의 유산일 뿐이다. 일제 강점기 동안에 마음 놓고 지배해 본 두 섬에 관하여, 특히 강치잡이뿐만 아니라 전복채취 등으로 독점적 지위를 맛보

:: 울릉도에서 열린 8 · 15기념식

았던 시마네 현 오키 사람들의 독도에 대한 집착은 병적이다. 식민종주국 사람들이 식민지배가 종식되었어도 여전히 지배자였던 과거의 향수를 버리지 못하는 집단 정신병리 상태의 전형이다.

1945년, 광복과 더불어 당연히 일제 통치는 끝이 났다. 해방공간에서 독도에 대한 일제의 도발은 더 이상 없을 것이라 여겼다. 그러나 미국은 불행의 씨앗을 잉태하고 있었다.

1948년, 미군에 의한 독도 폭격과 양민어민 학살사건이 벌어진다. 샌프란시스코 강화조약에서 일본인 고문 시볼트(W.J.Sebald)의 농간으로 독도는 험난한 노정에 놓였다. 미국의 친일정책태평양 반공주의 전선 구축으로 독도는 회색지대로 남는다. 1946년 6월 22일, 연합국최고사령부는 SCAPIN 677호에서 울릉도·독도·제주도를 일본영토에서 제외하는 섬으로 명기했다.

그러나 1951년 샌프란시스코 강화조약 제2조 영토조항에서는 독도가 누락되었다. 일본 외무성 조약국의 가와카미겐조川上建三가 강화회의講和會議의 상세보고서를 집필하였다. 그의 저서 『다케시마의 역사지리학적 연구(竹島の歷史地理學的硏究)』는 일본측 주장의 바이블로서 전후 독도 문제에 강력하게 힘을 발휘하고 있다.

오늘날에도 미국은 끝내 독도를 한국의 지명이 아닌 무인도라는 뜻인 리앙쿠르로 명명하고 있다. 더 나아가서 공식적으로는 양국 간의 문제라 발을 빼면서도 '심정적'으로는 일본의 독도 지배를 지지하는 발언을 일삼고 있다. 미국이 독도 문제에서 한국의 손을 들어줄 것이라 착각하는 자들이 있다면 샌프란시스코 강화조약을 돌이켜 볼 필요가 있겠다.

한국전쟁은 일본에게 또 한 번의 기회를 주게 된다. 전쟁의 혼란한 와중에 일본은 다시금 독도를 침범한다. 일본인들이 불법으로 독도에 상륙해, '시마네 현 오키 군 다케시마[島根縣隱岐郡竹島]'라고 쓴 표목을 독도에 세우는 등 계속해서 불법행위를 저질렀다.

이에 맞서 독도의용수비대가 일본인들을 축출하고 울릉도민들의 안전을 지켜냈다. 한국전쟁 휴전 이후 정부는 독도의 실질적 점유를 위한 본격적인 노력을 가시화한다. 울릉도 경찰서의 독도 상주와 경비대창설, 한국령 상징조형물설치 등이 그것이다. 1950년대 이승만 라인의 설정과 해무청의 설립이 이 와중에 이루어진다.

1963년 한일협정에서 일본 외상 오무라와 김종필 사이에 '차라리 독도를 폭파시켜버리자'는 지극히 한심하고 반역적인 밀담이 오고 갔음에도, 1950년대 이래 지속된 독도의 영토권 수호와 실질적 점유를 위한 가시적 조치들(등대 설치 등)은 계속 이어진다. 그럼에도 일본의 독도를 둘러싼 망언(정확히 말하여 의도적인 도발)은 그치지 않고 있다.

ⓒ주강현

:: 한국령 표식

▎1958년 5월 18일, 정부에서 관리와 석공을 파견하여 일본이 만들어 둔 표지판을 철거하고 섬 남동쪽 절벽바위에 '한국령(韓國領)' 이라는 문자와 태극조각을 넣어 영토 표시를 한다.

유엔이 EEZ200해리 영해주권시대를 선포하면서 해양주권 문제는 국제해양법상의 복잡다단한 분쟁을 야기하고 있다. 한 · 중 간의 이어도를 둘러싼 문제, 조어도일명 센가쿠열도를 둘러싼 중 · 일 간의 분쟁, 이미 일본은 이러한 영토분쟁에 대비해 많은 노력을 기울이고 있음을 잊지 말아야 한다. 오키노도리시마 같은 침대 크기의 암초에 무자비하게 예산을 퍼부어 자국령임을 주장하는 일본이다. 오키노도리시마 같은 섬 같지 않은 섬에 비한다면, 독도는 엄청나게 큰 섬이다. EEZ시대의 도래는 한층 독도영유권 문제를 영토분쟁으로 몰아가고 있다. 일본의 우경화와 더불어 일본우파들은 독도의 일본영토편입, 혹은 독도의 국제적 분쟁화를 위하여 총궐기하는 분위기이다.

독도는 작은 섬일까?

예나 지금이나 많은 사람들의 오해 가운데 하나가 독도를 '형편없이 작은 섬'으로 알고 있다는 점이다. 심지어 독도는 '국토의 막내'라는 그릇된 인식도 갖고 있다. 사실 약 460만년 전에 형성된 독도는 250만년 된 울릉도, 120만년 된 제주도의 맏형이다. 족보상으로도 어엿한 형일 뿐더러 독도를 떠받치고 있는 해저지형은 울릉도와 크기가 비슷하다. 육안으로 보이는 독도는 지극히 일부분이다. 그 일부분의 모습만을 가지고 작은 섬, 국토의 막내라 하는 것은 온당치 못하다.

해저 지형도를 보면 독도 주변은 무려 40여km, 면적 110km²에 달하고, 높이 2000미터에 달하는 해산海山 위에 작게 내민 두 개의 봉우리가 독도이다. 조금만 덜 내밀었으면 그저 수중에 잠긴 해산에 불과했을 법하다. 출몰 부위는 미약하되 독도의 밑바탕은 장중하고 거대하다.

동해 3차원 영상도를 보면, 보다 선명하게 그 모습을 알 수 있다. 동해 분지 북방에 봉우리로 울릉도와 독도가 나란히 솟구쳐 있음이 확인된다. 한반도의 동쪽은 백두대간이 북남으로 흘러가는 형세라면 동해 해저에는 거대한 울릉분지가 자리 잡고 있다. 그 북방에 해산들이 달려가고 있어 울릉도와 독도가 그 위에 올라앉은 형국이다.

독도 자체를 좀더 세밀하게 살펴보면, 약 12km에 달하는 해산 위에 서도와 동도가 올라서 있고, 동쪽으로 약 5km 거리에 움푹 패인 골짜기가 있

∷ 동해중부 3차원 영상도

▎왼쪽으로 백두대간이 흐르고 중앙에 날카롭게 울릉도가 솟아 있는 가운데 독도의 해산 2개가 보인다. 드넓은 해저면은 울릉분지이다.

으며, 더 동쪽으로 가면 폭 11km에 수심 105m의 해산이 솟아 있지만 독도처럼 봉우리가 수면 위로 올라와 있지는 않다. 수심 2000여m에 달하는 심해저 위에 우람한 해산이 치고 올라온 폭이라 앞으로 독도를 이해할 때는 물밑에 드리운 거대한 뿌리를 함께 고려해야 할 것이다.

외견상으로 보이는 독도는 동해에 외롭게 떠있는 섬이다. 그러나 물밑이야말로 해중보배인 어족과 해초류가 장관을 이루고 있다. 동해 심해저에는 무수한 광물자원이 매장되어 있을 것으로 추측된다. 일본이 작은 섬 독도를 탐내는 이유 중 하나는 풍부한 어족자원과 광물자원의 보고인 독도의

: : 독도의 아름다운 관음바위

©주강현

∷ 뱃전에서 본 독도

가치를 잘 알고 있기 때문이다.

품고 있는 것이 이렇게 남다른 독도를 더 이상 '작은 섬'이라 할 수는 없을 것이다.

독도는 쓸모없는 섬일까?

독도 하면, 민족문제와 결부되어 삭막하고 외롭게 느껴지지만, 실상 독도의 풍경은 아름다움 그 자체다. 머나먼 동해 가운데에 이처럼 불쑥 튀어나왔다는 것 자체가 절묘하지만 여러 암초를 거느린 가장답게 늠름하고 의연하기가 이를 데 없다. 동도와 서도가 거의 비슷한 크기로 중심을 딱 잡고 버틴 가운데 자잘한 암초들이 주변 풍경을 장엄하게 꾸며준다.

독도는 화산작용으로 생성된 섬이다. 단층과 주상절리의 발달로 섬 곳곳에서 빼어난 절경을 자아내며 주변 바다와 하늘과 조화를 이뤄 그야말로 한 폭의 그림 같다. 시원스럽게 뚫려서 지금 이 순간에도 파도에 쓸려 구멍을 넓히고 있는 삼형제굴바위, 누가 붙였는지 해수관음의 음덕을 연상시키는 관음바위, 사람의 얼굴을 닮았다고 하여 이름 붙여진 얼굴바위 등은 독도가 품고 있는 모습들이다. 독도의 쓸모가 이렇듯 눈에 보이는 것뿐이겠는가?

독도의 여섯 가지 가치

- 북한한류와 대마난류계의 교차지점으로 회유성 어족이 풍부하여 독도어장을 형성한 수산적 가치

- 천연 고체가스 하이드레이트 분포가 추정되는 배타적 경제수역 내지 대륙붕 향유에 의한 경제적 가치
- 460-250만년 전 3차례 분출윤회를 거쳐서 형성된 성층화산Stratovolcano으로 암석학의 보고이며, 해저산이 수면 위로 모습을 드러낸 매우 드문 예로, 해저산의 진화과정을 한눈에 보여주는 세계적인 지질적 가치
- 동북아 강대국에 둘러쌓인 군사적 요새 및 해로상의 요충지로 대한해협을 거쳐 연해주, 북해도, 북한 등의 항구도시를 연결하는 해로로 교통과 무역 · 군사적 거점
- 주요 해상 교통로로서 아시아권 및 대권 컨테이너 기간항로인 대권항해Great Circle적 가치
- 한반도 최동단 영토로서의 상징성. 한반도와 다른 특이한 기후 및 자연환경에 의한 독립생태계지역의 학술적 가치

독도는 이름 모를 섬일까?

세계 역사에서 '콜럼버스 시대', 또는 '바스코 다가마 시대'로 불렸던 5백년에 걸친 구세계 질서는 반 인류적이었다. 5백년 구질서의 가장 중요한 특징은 정복자와 피정복자 간의 충돌로 점철된 역사라는 점이다. 간단하게 말하면 유럽의 일방통행식 세계정복사라는 것이다. 아메리카의 원주민인 '인디언'이라는 말의 어원은 그들의 이기적인 정복사와 무관하지 않다. 콜럼버스가 아메리카대륙을 발견할 당시 그는 그곳을 인도로 착각했고, 원주민들을 인도인이라는 의미로 인디언이라 지칭했다. 원주민들은 '발견당

한' 존재가 아니라 원래부터 '있어 왔던' 존재이지만 제국열강은 자기 멋대로의 착각과 거만함으로 이름까지 붙여주었다.

일본은 서구가 범한 똑같은 패러다임의 모순을 반복하고 있다. 태평양상의 이름없는 무인도도 아닌 울릉도와 독도를 자기들이 처음으로 '발견'하였다고 한다. 날씨만 맑으면 울릉도에서 육안으로 뻔히 보이는 독도를 무주공산의 섬으로 만들어 버린 것이다. 이런 논리를 따른다면 울릉도 사람들은 늘상 독도를 '발견'하면서 살았던 셈이다.

여기서 일단 독도의 명칭 변화사를 재론하고 넘어가야 할 것 같다. 앞에서도 논한 바대로 독도명칭은 울릉도와 더불어 살펴야 한다. 해상왕국 우산국이 신라에 복속된 6세기 초엽 이후에 울릉도란 명칭이 공식적으로 정착되면서 부속도서인 독도를 우산이라는 명칭으로 부르게 된다.

독도나 울릉도의 명칭은 시기에 따라 계속 변하였다. 하지만 이를 일관성 부족 · 혼란 등으로 간주하는 것은 옳지 않다. 오늘날 한국은 물론 일본의 수많은 지명도 모두 역사적으로 변천을 거듭한 결과물이며 울릉도 · 독도 명칭도 그때마다의 필요에 따라서 변화를 겪은 것에 불과하다.

『세종실록지리지』(1454)와 『고려사지리지』(1451), 『신증동국여지승람』(1530) 등에 우산도와 무릉도가 표기되어 있다. 이는 독도와 울릉도를 구분하여 표기한 것으로 여기서 우산도는 독도이며, 무릉도는 울릉도를 말한다. 『세종실록지리지』권153 강원도 울진현조에는 부속도서로 우산도와 무릉도를 열거하고, 두 섬이 멀지 않기 때문에 청명한 날에는 서로가 보인다고 하였다.

무릉도란 명칭은 『동여비고東輿備考』 같은 지도에 분명하게 나타난다.

이 지도에서 울릉도를 무릉도라 칭하였다. 무릉도란 칭호는 성종 때에 삼봉도를 수색하면서 썼으며, 중종 때에는 왜구에 대한 대책을 논의하면서 사용하였다. 『성종실록』 권15에 등장하는 삼봉도三峰島란, '세 개의 봉우리로 보인다'는 기록에서 비롯되었다.

그러나 명종 때부터는 무릉도란 칭호를 사용하지 않고 오로지 울릉도란 명칭만 사용하였다. 『동여비고』가 제작될 즈음에 안용복사건이 발생하였는데 그때에도 울릉도란 명칭만 썼다. 가지도可支島는 『정조실록』 권40에 등장하는 바, 당시에 물개를 가제라고 부른 데서 연유한 듯하다.

그런데 다수의 고지도에서 우산국의 우산도 명칭을 독도에 쓰게 되면서 혼란을 주었다. 대개 우산도는 독도를 뜻하고 있으며, 우산도가 울릉도

ⓒ주강현

: : 동도정상

안쪽즉 서쪽에 그려져 있으니 이는 지도표기상의 미숙함으로 인한 결과일 것이다. 그럼에도 두 섬은 대개의 지도에 나란히 등장한다. 작은 돌섬이지만 중요한 섬으로 여기며 자국의 영토라는 인식이 깔려 있다고 봐야 한다. 안용복사건 이후에는 울릉도와 독도에 대한 지식이 분명해져서 울릉도의 우측 바다에 독도를 우산도로 표기했다.

'석도'는 고종 칙령 제41호로 울릉군의 관할구역을 울릉도와 석도, 죽도로 규정하면서 공식화되었다. 독도란 명칭은 1906년 울릉군수 심흥택의 내부 보고문에 올라와 있다. 울릉도 옆의 우산도를 독도라고 부르게 된 것은 1900년 울릉군을 설치하면서 울릉군 관할구역을 울릉도와 석도石島로 한다는 정부고시에서 비롯되었다. 석도가 독도로 변경된 것은 전라도 주민들이 울릉도에 많이 이주하여 살면서부터이다. 한자어 석石의 뜻인 돌, 독으로 부르면서 석도는 돌도에서 독도로 발음상의 변천을 겪고 이것이 다시 한역되어 독도가 되었다. 본토에서 독도 표기가 처음 사용되면서 '독도'는 공식적인 이름을 얻게 된다.

이처럼 다소 복잡다단한 명칭의 변화를 겪어왔음은 그만큼 역사성이 뚜렷하다는 증거이다. 독도는 주위를 지나던 포경선 한 척이 자기들 배의 이름을 따서 무성의하게 이름 붙일 만한 섬이 아니다. 1849년 포경선 리앙쿠르Liancoure호가 독도를 '발견' 하기 이전부터 우리는 그 섬의 존재를 알았고 이름 또한 붙여 주었다.

독도는 굳이 독도라는 이름이 아니어도 좋다. 그러나 독도에게 진정한 이름을 부여할 수 있는 것은 시대마다 이름을 주고 함께 해 온 우리 민족이다.

:: 도동항의 새벽

:: 도동의 독도박물관 전경

울릉도의 주요 마을

도 동

도동항에는 울릉도에서 공식적으로 중요한 기관들, 가령 군청이나 경찰서, 소방서, 우체국, 학교 등 공공 기관들이 대부분 집결해 있다. 적어도 지난 1세기 동안 그러하였다. 태하동에 있던 행정기관이 도동으로 옮겨오면서 본격적으로 새로운 울릉도시대가 열렸다. 그래서 도동은 도방청都方廳이라고도 부른다. 도방청이란 사람들이 많이 살아 번화한 곳을 뜻한다.

: : 도동의 여객선 터미널

도동은 일본인이 건설한 항구이다. 고종 15년(1878) 울릉도 개척령이 반포되면서 개척민들이 들어오기 시작하였는데 이미 도동에는 일본인들이 진을 치고 제법 저자거리를 이루고 있었다. 고종 25년(1888)부터 일본어민들이 전복 채취를 위해 울릉도 근해에 본격 출몰하였는데, 그 규모가 어선 24척에 선원 186명에 달하였다. 그들 가운데 일부가 도동에 점포를 열고 장사를 하거나 일부는 농촌을 돌아다니면서 수확해 놓은 곡물을 무단 수거하기도 하였다.

도동의 급격한 발전은 일본인들의 집단 거주와 더불어 본격화된다. 수심이 깊고 양쪽의 협곡이 바람과 파도를 일정 정도 막아주는 천혜의 입지

덕분에 울릉도 유수의 항구로 간택되었다. 도동항의 확충은 오랜 시간을 두고 차츰 이루어졌다. 개척 초기에는 도동항 안쪽 깊숙이 몽돌해변이 있어 배를 그곳에 끌어올려 정박시켰다. 현재 건물들이 들어서고 주차장 등으로 활용되는 방파제 주변이 모두 몽돌해변 정박지였다. 애초에는 U자형으로 오목하게 들어간 자연적인 입지에만 배가 들어서다가 매립이 이루어지고 부두가 확장되자 배를 외해에 정박시켰다.

1997년 독도박물관 준공과 더불어 도동은 '독도 대중교육의 메카'가 되었다. 상봉도를 형상화한 건물로 2400여 평 대지에 연건평 484평의 지하 1층, 지상 2층 규모다. 독도박물관에서 내려오는 길은 이곳저곳 구경거리들이 산재한다.

독도박물관 입구에 약수탕이 있는데 '도동약수공원'이라 부른다. 약수에서는 사이다맛과 쇠냄새가 나는데 위장병을 낫게 해주는 물이라고 한다. 한센병 환자가 이 물로 몇 달 동안 목욕을 하고 완치되었다는 말도 전한다. 약수탕의 약수로 밥을 지으면 푸른빛을 띤다. 전설에 의하면, 왜적과 싸우던 장수가 죽은 뒤에 그 장수의 갑옷을 근처에 묻었더니 갑옷이 삭으면서 쇳물이 흘러내려 약수가 되었다고 한다.

충혼탑 동쪽에는 1964년에 세운 안용복 장군 충혼비가 있고, 충혼비 곁에는 창명고도비滄溟孤島碑가 서 있다.

> "동해의 외로운 섬이 국방의 간성이 되어 마을마다 태평하고 백성마다 지정일세(滄溟孤島國防干城於村泰化於民之情)."

대마도기념탑도 서 있고, '대마도는 본시 우리땅' 對馬島本是我國之地이라고 쓰여진 입석도 있다. 울릉도침탈사의 첫 장을 대마도사람들이 연출한 만큼, 독도가 자기네 땅이라고 우기는 그들의 억지에 비하면 애교스럽기까지 하다.

:: 대마도는 우리땅 기념비

사동과 남양동

도동에서 고개를 넘으면 곧바로 사동에 닿는다. 지금은 환하게 트인 도로 덕분에 손쉽게 넘나들 수 있지만 예전에는 만만한 길이 아니었다. 게다가 도동 터널이 뚫려 손쉽게 사동으로 넘어갈 수 있게 되었다. 사동에는 대아 리조트가 있어 관광촌처럼 느껴진다. 대아리조트에서 굽어보면 사동항이 한눈에 보인다. 언덕배기에는 해군부대가 위치하여 그곳에서도 사동항이 한눈에 들어온다.

사동항은 국가지정항구로 새 단장에 한창이다. 문헌에는 사동 자체를 와록사臥鹿砂라 부른다. 마을 뒷산이 마치 사슴이 누워 있는 것처럼 보인다 하여 와록사라 하였다. 울릉도에는 모래해변이 없다. 그러나 이곳만 깨끗

한 모래가 펼쳐져 있어 '옥 같은 모래가 누워 있다'는 뜻에서 '와옥사臥玉沙'라고도 불렸다. 그러던 것이 명칭에서 옥이 빠지고 사동만 남았다.

사동은 도동 · 저동과 더불어 울릉도의 가장 번화한 마을이다. 도동항에서 가까울 뿐만 아니라 대형 리조트와 해군부대 등이 위치하고 있기 때문이다. 사1동은 와록사 · 새각단, 2동이 옥천동 · 안평전, 3동이 장흥동중령 · 신리 · 간령으로 나뉜다.

- 새각단: 개척 초기에는 산열매, 깍새, 바다고기 등으로 연명하는 가난한 곳이었다. 어느 해 해안가 높은 산중 허리가 무너져 내리면서 해발 300m 지점에서 멈추어 평지가 되었다. 그 후 이곳에 사람들이 살기 시작하자 '새로 된 동리'라 하여 새각단이 되었다.
- 옥천동우복동: 사동 서쪽의 마을로 옥 같은 맑은 물이 흐르고, 지형이 누운 소처럼 생겼다고 한다. 고종 8년(1904)에 사동 일부와 장흥동 일부를 병합해서 옥천동이라 하였다.
- 안평전: 일본인들이 배를 만들 괴목을 벌목하려고 들어가 보니 나무가 울창하고 평지가 있어 농사짓기에 알맞자 이때부터 살기 시작하였다. 산 안쪽 깊숙한 곳의 평지라는 뜻이다.
- 죽령중령: 바닷가에서 가파른 길을 오르면 펼쳐지는 넓은 고지대 마을이다. 옛부터 대나무 많은 고개라는 뜻으로 죽령竹嶺으로 불리다가 중령이 되었다.

:: 사동의 호박엿 공장

• 신리와 왜막골: 옥천동 서남쪽에 새로 만든 마을이라고 해서 신리라 부른다. 신리에서 산 속으로 높이 올라간 곳에 왜막골이 있다. 개척령 전후에 일본인들이 선박건조용 나무를 벌목하기 위해 막을 치고 있어 생긴 지명이다.

사동은 울릉도 호박엿으로도 유명하다. 울릉도 호박엿은 어느 곳에서나 만들어 먹던 것이지만 특히 사동이 호박엿 명소로 이름을 얻었다. 고생고생하며 울릉도에 뿌리를 내렸던 개척민들의 지혜가 호박엿에 그대로 남아 있다. 척박한 풍토에서 비탈에 의지하여 살아온 울릉도 사람들은 지리적 조건을 십분 이용하여 호박을 재배했다. 이렇게 재배한 호박을 활용하여 울릉도 호박엿이라는 명품을 만들어냈다.

사동에는 흑비둘기 보호구역인 후박나무숲이 있다. 흑비둘기가 사동의 후박나무숲에 보금자리를 마련한 지 오랜 세월이 흘렀다. 울릉도에서 흑비둘기가 처음 알려진 것은 1936년 일본인 학자가 암컷 한 마리를 학계에 보고하면서부터이다. 흑비둘기의 서식상황을 조사한 결과, 후박나무의 열매가 결실되는 7월 하순부터 8월 하순 사이에 후박나무숲에 규칙적으로 찾아

: : 사동의 해안도로

드는 것을 확인했다.

사동에서 해변도로로 조금 달리면 가두봉 등대가 나온다.

울릉읍과 서면 경계에 마치 큰 배의 앞부분을 엎어놓은 듯한 산인 가두봉이 있다. 이곳에 서있는 가두봉 등대는 육지에서 울릉도로 들어오는 배들의 밤뱃길을 밝히는 중요한 등대다. 저 멀리 태하 등대의 불빛을 받아 가두봉 등대의 불빛을 좇으면 곧바로 도동항이다. 울릉도에서 육지로 나갈 때는 반대로 뱃길을 잡아 가두봉 터널을 통과하면 곧바로 통구미다.

통구미는 양쪽으로 산이 높이 솟아서 골짜기가 깊고 좁아 통처럼 생겼

: : 통구미의 사자바위

다고 하여 통구미桶邱尾라 하였다. 또한 앞 포구에 거북 모양의 암석이 마을을 향하여 기어가는 듯이 보인다 하여 '거북이가 들어가는 통' '桶龜味'라고도 했다. 현재의 '通九味'는 일제 때부터 사용된 지명이다. 통구미通九味는 말 그대로 '9가지의 맛이 통하다'라는 뜻이다. 이 지명과 관련하여 회자되는 이야기가 있다. 약초를 캐려고 울릉도에 왔던 전라도 배가 풍랑에 밀려 이 섬에 닿았다. 풍랑으로 배멀미가 심했던 사람들은 입맛을 잃었다. 그러던 사람들이 이곳에서 아홉 가지 맛을 느끼게 되었다 하여 이 포구이름을 통구미라 부른다. 잃었던 입맛을 어떻게 찾았는지까지는 알 수 없으나 추측건대 이곳이 향나무 자생지라는 점과 무관하지 않을 듯싶다.

통구미에서 일주도로를 따라 달리다 터널 3개를 지나면 남양에 닿는다. 터널 입구에 신호등이 있다. 좁은 터널이라서 쌍방통행이 안 되니 신호등으로 일방통행시키고 있는 것이다. 터널입구에 있는 이 신호등이 울릉도 유일의 신호등이다.

남양南陽의 골계마을은 울릉도 서면의 면소재지다. 남양은 예나 지금이나 서면의 중심지다. 남양1동은 골계, 2동은 석문동과 막등, 3동은 통구미와 가문개를 포함한다.

- 골계: 남양리의 가장 큰 마을이다. 큰 개울 둘이 마을 앞에서 합쳐진다 해서 전라도 개척민들이 이름 지었다. 면사무소, 경찰서, 초등학교 등이 있다.
- 석문동돌문골: 지통골 골깨 동북쪽 마을이다. 산이 성처럼 마을 사방을

둘러싸고 있는데 서쪽으로 뻗어 있는 큰 바위가 문을 세워놓은 것 같아 석문동이라 하였다.

• 막등: 개척 당시에 전라도 사람들이 배를 만들던 곳이다. 배를 만들기 위해 벤 나무들로 막을 치고 있었다고 하여 막등이라 불렸다.

• 현포가물개, 가문개: 통구미 동쪽에 있는 이 마을은 지대가 높다. 마을 앞은 해변이 펼쳐져 있어 바다 멀리까지 가물가물 보인다고 하여 가물개라고 부른다. 흙이 검다고 하여 현포玄浦라고도 한다.

• 나발등 / 나팔등: 남서동 북쪽 막바지 등성이에 있는 마을이다. 개척

: : 남양의 국수바위

민들이 나팔을 불어 일꾼을 모았다는 데서 유래한 지명인데, 등성이 모양이 나팔처럼 생겼다고 하여 붙인 이름이라고도 한다.

남양 포구에는 사자바위가 있다. 그 옆에 사자굴, 사자바위를 굽어보는 투구바위, 또 국수를 널어놓은 것 같은 국수바위가 있다. 그 국수바위에서 태하로 가는 도중에 투구봉이 있다. 이들 사자바위, 투구바위, 나팔봉은 모두 우산국의 최후를 전해주는 지명이라고 울릉도 사람들은 믿고 있다.

신라의 이사부가 사자모양의 인형을 앞세워 우산국을 굴복시킨 후 인형이 사자바위로 변했다는 전설이 전한다. 투구봉은 우해왕이 벗어던진 투구가 바위가 되었다는 전설이 있다.

:: 성하신당의 신상

태하동

선사유적상으로 현포리가 울릉도 1번지라면, 역사적으로는 태하동이 1번지다. 오늘날에는 여객선이 닿기 때문에 도동항이 1번지로 되어 있으나 역사적으로는 태하동이 중요하다. 태하동은 '관사골'이란 지명도 가지고 있다. "황토구미 복판에 있는 마을로 울릉도 관청이 있다가 고종7년

(1903)에 도동으로 옮겨갔다."는 기록은 주목할 만하다. 태하동은 1동, 2동 두 개의 동으로 나뉘며, 1동은 황토구미 · 서달 · 향나무재, 2동은 학포동 · 마암 · 산막으로 구성된다.

- 황토구미: 태하리의 가장 큰 마을로 작은 황토구미, 큰 황토구미로 나뉜다.
- 서달: 황토구미 남동쪽 등성이에 있는 마을로 서달령西達嶺 고개 밑이다. 서달은 울릉도 호박엿의 원산지이기도 하다.
- 향나무재향목령: 태하리에서 북면 현포리로 넘어가자면 향나무재 향목령을 넘어야 한다. 향나무가 많아 조선시대 때 이 향나무를 나라에 진상하였다. 그 향목령 밑에 있는 마을이 향목동이다.
- 황토감재黃土坎嶺: 태하리에서 남서동으로 넘어가는 고개로 매우 길고 험하다.
- 학암학포동: 황토구미 남쪽에 있는 마을이다. 바닷가에 학바우학암가 있다.
- 산막골산막동: 학포동 남동쪽 마을로 울릉도 개척민들이 산막을 치고 살았다.
- 마암말바우, 말방우: 산막 서쪽에 있는 마을로 바닷가에 말바우가 있다.

황토구미에는 실제로 황토굴이 있다. 수토搜討정책에 따라 정기적으로 관리가 울릉도에 파견됐다. 파견된 관리는 출장의 증거물로 황토구미의 붉은 흙을 가져와야 했다. 화산암으로 이루어진 토양에서 붉은 흙은 매우 특

∷ 태하동의 성하신당

이하였던 만큼 울릉도를 다녀왔다는 유력한 증거물이었다. 태하동은 바다에 제사지내는 성하신당이 자리잡은 곳이기도 하다. 태하 성하신당에는 다음과 같은 전설이 전해온다.

조선 선조 때 강원도에서 온 수토사가 태하리에 유숙하며 도내를 순찰했다. 임무를 마친 수토사가 출항하기 전날, 꿈에 동남동녀 두 사람을 남겨두고 가라는 해신의 계시를 받는다. 다음 날 떠나려고 하니 예상치 못한 풍랑이 일어 뱃길을 막았다. 며칠을 기다렸으나 풍랑은 잦아들지 않았다.

수토사는 지난 밤 꿈을 떠올리며 동남동녀에게 태하리에 가서 두고온 담뱃대를 가져오라고 명하였다. 태하리로 가는 남녀를 뒤로 한 채 돛을 올리자 풍랑은 걷히고 배는 순조롭게 항해할 수 있었다. 담뱃대를 찾아 뒤늦게 항구에 도착한 두 남녀는 망연히 눈앞에서 멀어져 가는 배를 바라볼 뿐이었다. 자신들만 놔두고 떠나버린 사람들이 얼마나 원망스러웠을까. 몇 년 뒤 수토사가 다시 임무를 맡아 울릉도로 왔다. 울릉도를 순회하던 수토사는 태하리에 이르러 꼭 껴안고 백골이 된 두 남녀의 모습을 보았다. 수토사는 이들의 넋을 달래기 위하여 사당을 지어 제사를 지내게 했다. 이로부터 3월 9월이면 풍년과 해상의 안전을 비는 제사가 지금도 이어지고 있다.

현포리

선사시대 이래로 오랜 역사를 지닌 현포는 파도와 바람이 그 흔적을 씻어버린 듯하다. 입간판 하나만 덜렁 서서 이곳이 문화유산임을 알려준다.

현포리 고분군

이 일대는 울릉도에서 고분이 가장 많다. 고분은 성인봉 산줄기가 북쪽으로 뻗어내린 완만한 경사면에 40여 기가 동서로 넓게 분포한다.

1957년과 1963년 두 차례에 걸쳐 국립중앙박물관이 발굴조사를 실시했다. 현재 지정된 고분은 10기이다. 조사된 고분은 대체로 직경 10-15m, 높이 5m 내외인 적석총이며, 원래 상부가 원형인 방형분으로 추측된다. 현재

: : 현포에서 본 공암

: : 현포가는 길

∷ 현포리 고분

는 심하게 깎여서 단면이 방형으로 보인다. 석실은 완만한 경사면에 편평하게 면을 고른 다음, 그 위에 평면 장타원형의 석실을 만들었다. 전체적으로 돌을 쌓아 봉분을 만든 것으로 보인다. 석실의 내부 구조는 내륙지방과 다소 다르다. 석실 내에서 약간의 금속유물과 토기가 출토되었는데 출토된 토기의 양식으로 보아 통일신라 후기에 속하는 것으로 생각된다.

'울릉도기행 1번지'는 이들 무덤군이어야 한다. 그러나 대개 그러하듯 관광객들은 무덤에는 내리지 않는다. 관광객의 잘못만은 아닐 것이다. 관광안내원들은 아주 익숙하게 무덤 따위를 무시하거나, 알고도 시간을 핑계로 건너뛰곤 한다. 그러나 이들 울릉도의 무덤이야말로 우산국의 실체를 알려주는 유일한 증거물이다. 울릉도의 현존 고분군들은 출토 유물로 판단할 때 7세기경에 형성된 것이다. 유물양식들로 볼 때 신라와의 교류가 활발했음을 알 수 있다. 그러나 무덤의 양식은 울릉도만의 독자적인 것으로, 3세기부터 6세기까지에 해당되는 유적이 섬 내 어딘가에 존재하고 있었을 가능성이 있다.

또한 신라의 이사부에 의하여 우산국이 복속된 후에도 나름의 독자성을 갖추고 있었다. 육지에서 멀리 떨어진 섬이라는 천혜의 조건이 그것을 가능하게 했다. 우산국이라는 왕국이 사라졌어도 선주민들의 풍습은 면면이 이어졌을 것이고 그것이 고분군에 반영된 것으로 보인다.

이들 고분군은 북쪽 해안의 서편에 위치하는데 동쪽으로 해안선을 따라 송곳산(300m)을 지나면 천부리에 이른다. 남쪽으로는 현포령을 넘으면 곧바로 태하리에 닿는다. 그러나 서쪽으로 약간 가서 웅포에 이르면 험한 지형 때문에 도로가 끊겨 더 이상 나아갈 수 없다. 현포리는 육지로부터 직선거리상 가장 가까운 곳이다. 게다가 울릉도에선 보기 드물게 완만한 경사지를 이루고 있다. 이런 점으로 미루어 보건대 선사시대부터 사람이 살기에 가장 적합한 곳이었을 것이다.

'현포고분군 10-1' 로 명명된 고분은 나물밭에 위치하고 있다. 고분 앞에 서면 멀리 추봉이 보이고 현포항이 한눈에 들어온다. 비탈길을 내려가면 완만한 구릉을 이룬 나물밭이 바다까지 연이어 있다. 광활한 바다를 향해 고분은 웅장하게 서있다.

주변을 둘러보니 유난히 단단한 바위들이 많다. 부서지기 쉬운 화산돌이 주종인 울릉도에서 이만한 강도를 지닌 바위들이 많은 곳도 드물다. 이곳만의 독특한 자연조건 때문에 적석고분총의 조성이 가능했으리라!

나리동

나리 분지는 동남부, 서남부가 높이 500m 내외의 깎아 세운 듯한 낭떠러지로 둘러싸여 있다. 북부는 200m 이하의 낮은 산지로 막혀 있는 울릉도 유일의 평야다. 성인봉의 칼데라 화구caldera 火口는 삼각형상으로 함몰되어

:: 나리동

형성되었으며, 침식이 덜 진행되어 형성 당시의 원형이 잘 살아 있다. 나리 분지는 해발 250-300m 사이의 45만여 평에 달하는 넓은 삼각형 모양이다. 동남부와 서남부가 500m 안팎의 절벽에 둘러싸여 있어 천혜의 요새이다. 나리 분지의 평원에서 바라보면 산들이 철갑을 두른 듯 분지를 감싸고 있다. 천부리와 추산리의 북쪽 해안은 200m 이하의 비교적 낮은 산들로, 이곳으로 도로가 나 있고 외부와 연결된다.

화구는 2차로 분출된 화산이 중앙화구인 알봉卵峰, 538m을 만들어 2중 화산을 형성하였다. 분화구 주위에 화산재가 쌓여 완전히 평원을 이루었으며 북쪽에 알봉산이 있다. 알봉은 알봉마을과 나리동 사이에 자리잡고 있다. 높이 611m, 2중식 분화구로서는 국내 유일이다. 성인봉을 비롯한 동남부와 서남부의 낭떠러지가 알봉을 병풍같이 둘러쳐서 외륜산外輪山을 이룬다. 나리 분지는 실로 울릉도의 오묘한 생성비밀을 함축적으로 보여주는 상징물 중 으뜸이다.

개척민들의 삶은 고통 그 자체였다. 그들을 가장 괴롭힌 것은 배고픔이었다. 농작물을 심고 가꾸기에는 너무나 척박한 땅인지라 개척민들은 울릉도에서 자생하는 산나물로 생계를 연명해야 했다. 그러나 유일한 생명의 풀이었던 산나물은 오늘날엔 울릉도 특산품으로 섬의 중요한 소득원이다.

그 중 '명이'라는 이름의 독특한 산마늘이 있다. 긴 겨울이 지나면 어느덧 식량은 바닥이 나고 개척민들은 굶주림에 시달릴 수밖에 없다. 온통 눈으로 덮인 새하얀 세상에서 그들은 푸른 빛을 발견한다. 눈 속에서 살포시 고개를 든 풀들. 사람들은 그 풀을 캐다가 간신히 목숨을 이어갈 수 있었다. 그리고 풀에 '명命을 잇게 한다'고 '명이 草'란 이름을 붙였다. 즉 '생명의 풀'이란 뜻이다. 개척민들의 고난의 삶이 고스란히 배어나는 이름이다.

그러나 마을 이름이 나리동이 된 데에는 또 다른 속설이 있다. 개척민들이 양식이 없어 나리백합뿌리를 캐먹었다 하여 나릿골, 또는 나리동이라 하였다. 이 또한 '명이'처럼 개척민들의 애환이 담긴 지명이다.

: : 울릉도 개척민의 명을 이어준 산마늘, '명이'

나리 분지에는 개척 당시의 가옥구조를 알 수 있는 전통건축물이 남아 있다. 한국의 전통가옥은 지붕을 볏짚과 기와로 얹는 것이 기본이다. 그러나 볏짚이 귀한 울릉도나 제주도 등지에서는 새밭새왓으로 샛집을 짓는다. 강원도 산간지방의 화전민들은 널빤지로 지붕을 이은 너와집능애집이나 상수리나무나 참나무껍질을 벗겨 이은 굴피집을 짓고 산다. 울릉도에서는 너와집뿐만 아니라 얇고 편평한 돌너와로 지붕을 이은 집이 있다. 나리 분지에는 너와집 한 채, 투막집 네 채가 전해온다. 한때 150여 가구가 넘게 살던 시절에는 대부분의 집들이 억새를 뒤덮은 투막집이었다. 그 중 10% 정도가 너와집이었다.

∷ 나리동의 투막집

천부동

천부동은 4개 동 8개 자연마을로 이루어졌다. 천부1동은 천년포 · 선창, 2동은 본천부 · 홍문동, 3동은 대방우, 4동은 석포동 · 섬목, 백운동을 포함한다.

• 선창: 천부리에서 가장 규모가 큰 마을이다. '왜선창' 이라고도 하는

∷ 나리동의 너와집

데 조선시대에 왜선들이 이곳에서 배를 만들었다 해서 붙여진 이름이다. 왜선창이란 지명은 일본인들이 일찍부터 천부동에 들어왔었다는 사정을 설명한다.

1711년 5월, 삼척영장 박성창이 울릉도 수토사가 되어 이곳에 머물면서 순찰하였다. 그 일을 기념하여 작은 바위에 그때의 일과 데리고 온 사람들의 이름을 낱낱이 새겼는데, 그 바위가 현재 울릉군청 국기게양대 옆에 놓

©주강현

: : 천부항 전경

여 있다.

- 천년포: 천부리 서남쪽에 있는 마을로 '천연방우'가 있다.
- 삼선암: 정들깨 북동쪽 바다 가운데 높이 16미터 가량의 바위 3개가 촛대처럼 서있다. 산신이 그 바위 위에서 놀았다는 전설이 전한다.
- 삼문다지: 선창 옆에 있는 마을로 앞에 삼선암이 마치 세 문이 있는 것처럼 보인다 하여 붙은 이름이다.
- 본천부: 천부리의 원 마을이다.
- 홍문동洪門洞, 홍살메기: 천년포 남쪽 마을로 나리재에 큰 나무 두 그루가 서 있다. 나무 두 그루의 윗가지가 서로 얽혀 홍예문처럼 보인다. 그

밑으로 행인들이 왕래하였다.

- 대방우: 예선창 동쪽에 있는 마을이다. 대방우 옆의 외따로 서 있는 바위는 딴방우라 부르며 주변에 대나무가 많았다.
- 깍새섬, 관음굴: 섬목 동쪽에 있는 섬이다. 바위섬으로 깍새가 떼를 지어 살았다.
- 백운동白雲洞: 정들깨 남서쪽 산 위에 있는 마을로 늘 흰 구름이 끼어 있다.

섬목에서 추산까지 일주도로를 달리면 섬목, 예선창, 본천부, 그리고 추산이 연이어 나타난다. 섬목은 울릉도 일주도로의 끝이다. 도동에서 시작된 일주도로가 섬목까지 이렇게 39.8km로 끝이 난다. 도동으로 돌아가려면 오던 길을 되짚어 가든가 석포로 올라가 내수전 옛길로 2시간여 걸어가야 한다.

천부동의 상징은 역시나 삼선암이다. 삼선암은 가위처럼 생긴 가위바위, 2개의 바위가 뭉쳐져서 부부처럼 생긴 부부바위, 3개의 바위를 어우른다. 하늘로 올라간 시간을 놓쳐서 바위가 되었다는 나무꾼과 선녀 설화도 전해진다. 울릉도 여행의 백미 중 하나가 삼선암이다.

천부동에는 추봉錐山, 일명 송곳산해발 430m이 뾰족하게 솟은 송곳마을이 있다. 송곳산은 어느 각도에서 보아도 신비롭다. 울릉도다운 산이다. 절벽 중간에는 '추산일가'라는 펜션을 겸한 우아한 찻집이 있다. 찻집을 오르는 길에 성불사成佛寺란 사찰이 들어섰는데 바다 절경을 굽어보는 명당에 자리 잡았다. 찻집 마당에서 굽어보면 바다에 바위섬이 둥둥 떠 있는 듯 그림 같

∷ 천부동의 삼선암

은 풍경이 펼쳐진다.

천부동 석포의 언덕배기에서는 광활한 동해가 그대로 눈앞에 펼쳐진다. 행여 날씨가 좋으면 독도를 육안으로 볼 수 있는 행운을 누릴 수 있다. 석포동정들깨, 정들포은 대방우 동남쪽에 있는 마을로 3면이 절벽인 산 위에 자리잡고 있다. 관음도가 떠 있고 경사진 산자락 아래로 동해가 굽이친다. 정상에 오르면 드문드문 집들이 흩어진 풍경이 들어온다. 쾌청한 날이면 독도까지 보이는 석포에서 살고 있는 토박이 박태철(1941년생) 할아버지는 "물마루에 떠오르는 독도는 혼자 보기 아까운 풍경" 이라고 말한다.

새벽녘이나 해가 뜰 때, 비가 온 다음날이면 독도는 수평선에 떠 있다. 물마루에 떠오르는 독도는 혼자 보기 아까운 풍경이다. 수평선에 걸쳐서 매우 선명하게 검은 모습을 드러내는데 어떤 때는 하루 종일 보이는 경우도 있다. 가을비라도 내리는 날, 이튿날에는 어김없이 맑게 하늘이 개면서 독도가 그림같이 떠오른다. 아침 이슬을 머금은 연꽃이라고나 할까? 독도는 그렇게 연꽃처럼 동해에 떠 있다.

: : 천부동의 추봉(송곳산)

∴ 천부동의 관음도 전경

©주강현

:: 천부동의 섬목

가와카미겐조川上健三 류의 소위 독도전문가라는 대부분의 일본인들은 울릉도에서의 독도 관측을 일관되게 전면 부정한다. 일본 외무성 조약국 참사관을 지낸 독도 문제 전문가 가와카미는 현재 일본의 대응이론을 만들어 낸 인물이다.

"울릉도에서 독도 정상부를 보기 위해선 해발 130m, 섬으로 인식하기 위해서는 200m 이상 올라가야 한다. 그러나 200m 이상 올라가는 것은 어려운 일이며 올라간다 하더라도 숲에 가려 보일지 의문이다. 울릉도에서 37km 이상 바다로 나가지 않으면 독도를 볼 수 없다. 울릉도와 독도 사이의 바다는 한류 · 난류 교차 덕분에 조선연해에서 안개 발생 일수가 가장 많아 쾌청한 날씨가 극히 적다."

가와카미의 주장은 독도가 울릉도에 딸린 섬이 아니라는 점을 강조하기 위한 이치에 맞지 않는 억지소리이다. 경상북도 죽변에서 울릉도까지 71해리(131km), 울릉도에서 독도까지 47해리(88km), 이 거리를 합산하면 한반도에서 독도까지는 219km의 거리다. 반면에 독도를 자신들의 섬이라고 우기는 일본의 오키 군도에서 독도까지는 86해리(159km)이다. 이 계산법만 가지고 따진다면 한반도 동해안에서 독도까지 거리보다 일본에서 독도까지의 거리가 가까울 수도 있다.

그래서 울릉도가 중요하다. 오키 군도에서 독도까지 159km 거리라면 울릉도에서 독도까지는 불과 88km밖에 떨어져 있지 않다. 독도를 가시거리에 두고 있는 울릉도가 육안으로 보이지 않는 오키 군도보다 역사적 · 현실적 지배력을 가지고 있음은 논란의 여지가 없다. 또한 기록상으로도 이미 오래 전부터 독도가 관측되었다는 것을 확인할 수 있다.

《고려사》: 우산于山과 무릉武陵 두 섬은 서로 거리가 멀지 않아 바람이 잔잔한 맑은 날이면 바라볼 수 있다.

《세종실록지리지》: 우산과 무릉의 두 섬이 울진현 정동의 바다 가운데 있다. 두 섬이 서로 거리가 멀지 아니하며 날씨가 청명하면 가히 바라볼 수 있다(강원도 울진현조)."

저 동

울릉도 개척 당시에 모시가 많이 자생하고 있어 모시개로 불려 저동苧洞이 되었다. 저동은 1동인 신흥동 · 줄맨등, 2동인 중간모시개(중저동), 3동인 와달리 · 내수전으로 이루어진다.

- 신흥동: 작은모시개를 뜻한다. 중간모시개 북서쪽 골짜기에 있는 작은 마을로 새로 번창하라는 뜻으로 신흥동으로 고쳐 부른다.
- 줄맨등: 중간모시개 서북쪽 등성이에 있는 마을이다. 개척 당시에 주사골 등성이가 너무 험준하여 오르내리기 힘들자 줄을 매어 오르내렸다고 하여 줄맨등이라는 이름이 붙었다. 송아지를 줄로 묶어 올라가다가 송아지가 굴러 떨어져 죽었다는 '소죽음골짜기' 바로 밑에 있다.
- 중저동: 모시개에서 규모가 중간쯤 되는 큰 마을이다. 중저동 해변에서 200m 떨어진 바다에 있다고 중저암으로도 불린다. 또는 마치 뿍지복어같이 생겨서 뿍지바우라는 이름도 전한다. 섬 모양이 투구 같다고 하여 주도胄島로 부르기도 한다.
- 와달리臥達里, 와다리: 내수전 북쪽에 멀리 떨어져 있는 마을. 산이 험하

∷ 저동 내수전의 고인돌

고 논밭이 없어서 생활이 매우 어려웠지만 지금은 나물재배를 주업으로 삼아 살고 있다.

• 내수전內水田: 제주도 대정大靜사람 김내수金內水가 화전을 일구던 밭이라는 뜻에서 내수전이라 한다.

저동의 가장 볼 만한 풍경은 역시나 저동항 물양장에서 이루어지는 오징어 배따기이다. 울릉도에서 오징어 하면 저동 포구이기 때문이다.

저동항은 그 자체로 볼 만한 풍경들이 많다. 저동항 큰모시개 앞바다 어업전진기지 방파제에 촛대바위가 있다. 그 모양이 마치 촛대처럼 생겼다

: : 저동항의 오징어 배따기

고 붙여진 이름인데 효녀암이란 이름도 있다.

촛대바위 건너편의 낭떠러지에는 바람구멍이 있다. 행남 등대 쪽에서 들이닥치는 조수가 구멍을 넘어오면 마을 아녀자들이 바람이 난다고 하여 시멘트로 막아버렸다. 항구로서 휑하게 뚫린 바람구멍을 제어하는 풍수적 관념이 잘 반영되어 있는 속설이다. 믿거나 말거나 시멘트가 허물어지면서 구멍으로 조수가 넘어오자 바람나서 도망치는 여자들이 많아졌다고 한다.

저동의 백미는 죽도竹島이다. 저동항 앞에 떠있는 죽도대섬, 댓섬는 와달리 해변에서 약 2km 떨어진 삼각형의 화산암 섬이다. 개척 당시는 대나무가 매우 많았기 때문에 대섬이란 명칭이 붙었다. 면적은 62,880평이며 높이가 116m 되는 유인도서다. 식수가 없어 빗물을 받아 사용하며, 연안의 수심이 지극히 깊다. 사면이 절벽인데 위쪽은 편평하다. 요즘은 도동에서 유람선이 출발하는데 일단 죽도에 당도하면 달팽이처럼 생긴 층계를 한없이 올라가야 한다. 층계가 없던 시절에는 산 정상에서 밧줄을 드리우고 흡사 등산자일 타듯이 기어올라야 했다. 울릉국화를 비롯한 야생초들이 절벽에 무리

: : 저동에서 바라본 죽도 전경

ⓒ주강현

∶ 오징어배로 들어찬 저동항 전경

지어 피어 있다.

저동의 명물인 봉래폭포는 저동해안에서 약 2km 주사곡 안쪽에 있다. 50-60m의 층층을 이루며 폭포가 떨어진다. 아름드리 삼나무숲이 하늘로 솟은 풍경이 볼 만하다. 근래에 울릉군청에서 전망대와 산림욕장 등 휴게소를 설치하여 많은 관광객이 찾는다. 저동항에서 불과 5분이면 해변도로를 통해 내수전으로 넘어온다. 내수전 해수욕장으로 잘 알려진 경사가 가파른 몽돌해변이 펼쳐져 있고 집이 듬성듬성 있다. 내수전 초입에는 선사시대의 유물인 고인돌이 있어 울릉도의 유구한 역사를 짐작케 한다.

울릉도와 독도의 상징물

성인봉

울릉도란 섬은 전체적으로 보면 높다란 화산 하나만이 버티고 있는 형상이다. 섬 개발이 이뤄지면서 도로가 나긴 했지만 비행기에서 내려다보면 높다란 성인봉 가장자리로 샛길 같은 도로가 간신히 벼랑에 붙어 있는 듯하다. 화산에서 분출한 마그마가 흘러내리며 만든 골 사이사이로 냇물이 흘러 바다로 내려간다. 제주도와 같은 건천이 아니라 끊임없이 흘러내리는 풍부한 수량을 자랑한다.

제주도가 한라산을 정점으로 서양방패를 엎어놓은 형상순성화산이라면, 울릉도는 계곡 일부를 제외하면 섬 전체가 바다 위로 우뚝 솟아 있는 돔 모양이다.

섬을 구성하는 암질도 다르다. 제주도는 바위표면에 구멍이 숭숭 뚫린 검은색의 현무암이 90% 이상을 차지한다. 울릉도는 치밀하고 단단한 화산암인 조면암이나 화산폭발 때 분출되어 나온 조면암질 화산재응회암, 용암부스러기화산쇄설암 등으로 이루어져 있다. 이 같은 차이는 마그마의 성분과 화산분출의 양상이 서로 다른 데 따른 것이다. 제주도의 경우, 지각이 벌어진 틈을 따라 점성이 묽은 마그마가 꿀럭꿀럭 흘러넘치는 분출양상으로 만들어졌다. 울릉도는 해수면 위로 올라온 뒤에 폭발적인 분출양상을 보인 화산활동의 산물이다. 엄청난 양의 화산재가 하늘 높이 솟구쳤다 떨어져 쌓이고 그 위를 점성이 된 용암류가 폭발적으로 분출해 덮는다. 또 뜨거운 화산재나 부스러진 용암부스러기가 지표면을 따라 흘러내리는 등 복잡한 과정을 되풀이 하며 생성되었다.

성인봉은 이름부터 신성하다. 겨울에는 조금만 눈이 와도 산행이 어렵고 눈이 허리까지 쌓이는 일이 비일비재다. 이곳을 산행할 때는 대개 울릉도 남쪽인 도동에서 출발하여 성인봉을 넘어 나리 분지를 지나 울릉도 북쪽인 천부동으로 가는 코스를 택한다. 아니면 천부동을 거쳐 나리 분지로 가서 성인봉을 넘어 도동으로 귀환하는 반대 코스를 택한다. 천부리에서는 섬목 선착장에서 배를 타거나 버스를 타면 다시 도동으로 돌아올 수 있다. 산행 소요시간은 대략 5 - 6시간이다.

성인봉을 오르는 길가에는 울릉국화가 소담스럽게 핀다. 국화과에 속하는 다년생 초본식물이다학명은 Chrysanthemum zawadskii Herb.ssp.lucidum. 나리 분지에서 자라는데 섬백리향과 더불어 천연기념물 52호로 지정되어 있다. 길

∷ 천연기념물인 울릉국화

이가 40cm까지 자라며 땅속줄기가 옆으로 뻗으면서 퍼져나간다. 꽃은 희고 총포에 털이 없다. 생긴 모습이 구절초와 구분하기 어렵다. 바닷바람에 맞서 강인하게 자생한 울릉국화의 잎은 윤이 나는 빛깔이 특징이다. 그러나 육지에서 재배한 울릉국화는 원산지에서 자라는 것처럼 윤기가 나지 않는다.

울릉국화는 나리 분지의 중앙부에서 다소 높은 지대에서 군락을 이루

∴ 성인봉의 천연림

고 있었다. 하지만 한때 이곳이 목초지로서 크게 각광을 받게 되자 멸종 위기에 처하기도 했다. 섬백리향과 더불어 천연기념물로 지정되면서 간신히 명맥을 유지하고 있다.

성인봉에 오르다 보면 갖가지 울릉도 특산 희귀식물을 만날 수 있다. 육지에서 보기 힘든 섬노루귀, 왕호장근, 큰두루미꽃, 섬초롱꽃 같은 희귀식물들이 즐비하다. '섬'자가 붙은 식물들은 대개 울릉도에서만 자생한다.

섬말나리, 섬현호색, 섬피나무, 섬바디 등 23종의 '섬' 식물이 분포한다. 산으로 차츰 차츰 접어들면 천연림이 나타난다.

안용복

일본에서는 16세기 이래로 울릉도를 '기죽도磯竹島 · 죽도竹島'로 불렀다. 에도 바쿠후는 1618년 7월 8일부로 오타니大谷 · 무라카와村川 두 가문에게 도해면허를 내준다. 국경을 이탈하는 조업이 금지되었던 당시에 '도해면허'의 부여는 울릉도가 일본땅이 아닌 조선땅임을 인정했다는 말이기도 하다. 그러나 이 도해면허로 인해 두 가문은 울릉도뿐 아니라 독도에서 근 70여 년간 남획을 일삼았고, 이는 후대에 분쟁의 빌미가 된다.

이런 일이 있기 전인 1614년, 즉 임진왜란 직후에 왜선 한 척이 동래부사에게 서계書契를 들고 찾아온다. 연유를 물은즉, 도쿠가와 바쿠후의 분부로 의죽도礒竹島의 대소 크기와 지형을 탐색하려고 하는데 뱃길이 험하니 길라잡이를 청한다는 것이다. 동래부사는 그 섬이 어디에 있는가를 물었다. 그러자 왜인은 경상도와 강원도 경계 사이에 있다고 답했다. 듣다 보니 그들이 찾아가려고 하는 섬이 울릉도가 아닐까 하는 의심이 들어 이를 정부에 보고했다. 이 코메디 같은 사건은 대마도주가 중심이 되어 울릉도를 침탈해보려는 교묘한 시도였다. 공식 기록상으로는 가장 오래된 침탈 시도인 셈이다.

그로부터 80여 년 뒤인 1693년, 드디어 피할 수 없는 사건이 터진다. '안용복사건'이 그것이다. 이 사건이 있기 전부터 대마도의 울릉도에 대한

침탈시도는 한시도 멈춘 적이 없다. 안용복사건이 터졌을 당시에도 이미 상당수의 일본어민들이 섬에 들어와 있었다.

안용복은 동래부 어부의 아들로 수군의 능로군能櫓軍이었다. 그는 성품이 사나우나 영리하여 왜관을 드나들다가 자연스럽게 일본어를 익혔다. 숙종 계유년癸酉年, 1693 여름, 안용복은 일행과 함께 작은 거룻배로 바다에서 조업을 하다가 폭풍을 만나 울릉도로 피신한다.

그때 울릉도에는 대마도 왜인들이 진을 치고 있었다. 당시 대마도 왜구는 울릉도를 다케시마竹島라고 불렀으며, 일본 산음도山陰道의 백기주佰耆州에 속한다고 우겼다. 백기주는 오늘날의 시마네 현島根縣이다. 예나 지금이나 독도를 자기들 땅이라 우기는 곳이다. 왜인들은 도리어 안용복이 국경을 침범했다고 하여 그를 잡아 대마도로 데려간다. 대마도주 앞에 잡혀온 안용복은 이렇게 외친다.

"조선 사람이 스스로 조선땅을 가는데 일본이 무슨 상관이기에 우리를 구속하여 여기까지 데려왔단 말이오?"

대마도주가 말했다.

"네가 말하는 울릉도는 바로 우리 백기주의 다케시마竹島다. 너희가 국경을 침범한 것이 아니고 무엇이더냐?"

안용복이 대답했다.

"울릉도가 우리나라의 소유란 것은 지도에도 명백하게 나와 있소. 게다가 우리나라에서 울릉도까지는 하루 만에 도착하지만, 일본에서 울릉도까지는 닷새나 걸려야 도착하오. 그러니 옛 문헌을 인용할 필요도 없이 비록 어린 아이라도 말 한 마디로 분별할 수 있을 것이오."

대마도주는 안용복을 굴복시키지 못하자 드디어 풀어주어 백기주로 보낸다. 안용복은 백기주 태수를 만나 울릉도가 조선땅임을 논리정연하게 설명하고 대마도 사람들이 모함한 정황도 설명한다. 백기주 태수는 안용복을 의롭게 여겨 바쿠후의 관백에게 보고하였다. 관백은 동래부에 서계를 갖추어 전하는 한편 안용복에게 서계를 전한다. 그런데 안용복이 히젠번肥前에 당도하였을 때, 히젠의 번주는 안용복의 서계를 빼앗아 버린다. 그리고 안용복을 대마도로 돌려보낸다.

이 무렵, 대마도 왜인들은 연일 동래 왜관에 가서 울릉도가 죽도라고 생떼를 부렸다. 하지만 정작 중앙의 바쿠후 관백과 본토 사람들은 대마도가 벌이고 있는 짓을 알지 못했다. 대마도 왜구들은 안용복이 조선으로 돌아가면 모든 정황이 들통 날 것을 염려하여 무려 90여 일 동안 안용복을 대마도에 구금한다. 그리고 왜구들은 계속해서 동래부를 조르고 협박하면서 울릉도를 빼앗으려고 생떼를 부렸다. 안용복은 뇌물을 써서 동래의 집으로 연락을 취하였다. 소식을 보고받은 동래부는 왜관과 협의하여 안용복이 구금상태에서 풀려나게 한다. 안용복은 돌아오자마자 동래부사를 만나 그 동안의 실상을 보고한다.

"백기주 태수의 편지는 비록 히젠 번주에게 빼앗겼지만 본토 사람들은 이미 대마도 왜구의 실상을 대략 알고 있습니다. 서계를 갖추어 대마도 태수를 엄하게 문책하시고, 그들의 차왜差倭가 바치는 일공日供을 끊어버려야 합니다. 그리고 조사관을 뽑아 울릉도에 보내 그곳을 수색하여 다스리셔서, 물고기를 잡거나 수산물을 채집하는 대마도 사람을 잡아 대마도로 돌려보낸다면 울릉도와 관련한 분쟁은 저절로 사라질 것입니다."

그런데 동래부사는 안용복의 말을 믿지 않고 정부에 보고서조차 올리지 않았다. 안용복의 보고에도 조선 조정의 후속 조치가 없는 것을 안 대마도는 사신을 보내 연일 압력을 가한다. 안용복은 대마도 왜구들이 조정을 우롱하는 것이 통탄스럽고 자신의 뜻이 이루어지지 않는 것에 분개한다. 이에 몸소 간단한 행장을 꾸리고 울산으로 달려간다. 바닷가에 이르러 뜻을 같이 할 사람들을 모은 안용복은 울릉도로 떠난다. 울릉도에 도착한 안용복은 무단점유 중인 왜인들을 향해 소리쳤다.

"무슨 까닭으로 우리 국경을 침범하였느냐?"

왜인들이 말했다.

"본래 송도로 가는 길이었소. 당연히 떠날 것이오."

왜인들은 이윽고 배에 돛을 올리고 동쪽으로 갔다. 안용복은 이들의 뒤를 쫓아 송도에 닿았다. 다시 화가 난 음성으로 크게 꾸짖었다.

"여기는 우산도于山島다. 너희들은 우리나라에 우산도가 있다는 말을 듣지 못하였느냐?"

안용복은 왜인들의 근거지를 부수고 잡아들이려 했다. 왜인들은 크게 놀라 다시 돛을 올리고 동쪽으로 도망쳤다. 안용복이 우산도于山島라 부르고 왜구들이 송도松島라 부른 섬은 바로 독도이다.

안용복은 백기주까지 그들을 쫓아갔다. 다시 태수를 만나 당당하게 항의하고 대마도의 농간을 폭로한다. 아울러 편지에다 그 동안 대마도 사람들이 울릉도를 빼앗으려 했던 사실들을 세세히 적었다. 뿐만 아니라 대마도 사람들이 왜관에 머물면서 조선조정을 상대로 벌이는 작태와 공무역公貿易 비리사실을 낱낱이 밝혔다. 그런 뒤 편지를 밀봉하고 에도江戶에 전해줄 것을 백기주 태수에게 부탁한다.

백기주 태수가 편지를 가지고 에도에 도착하니, 마침 대마도 태수의 아비가 에도에 머물고 있었다. 대마도 태수의 아비는 안용복의 편지를 보고 매우 두려워하여 백기주 태수에게 간청한다.

"이 편지가 상부에 한번 전달되면 우리 아들놈은 살아남지 못하니 나를 봐서라도 편지를 전달하지 말아 주십시오."

백기주 태수는 그의 처지를 불쌍하게 여겨 관백에게 고하지 않는다. 백기주 태수는 돌아와서 안용복에게 그 사실을 설명하였다.

"속히 대마도로 돌아가 보시오. 지금부터 대마도는 반드시 스스로의 잘못을 징계하고 두려워할 것입니다."

안용복은 양양으로 되돌아와 그간의 일을 관아에 보고한다. 얼마 후 대마도 태수는 동래부에 편지를 부쳐 말하였다.

"다시는 감히 대마도 사람을 울릉도에 보내지 않겠습니다."

안용복은 3년 뒤인 1696년 5월, 다시금 울릉도에 침범한 일본 어부들을 쫓아 은기도주隱崎島州와 백기주 태수伯耆洲太守에게 불법 침범을 항의한다. 이때에 안용복은 '조울양도감세장신안동지기朝鬱兩島監稅將臣安同知騎'라 쓴 거대한 깃발을 달고 간 것으로 일본 측 문헌에 전한다. 여기서 안용복이 깃발에 양도兩島라고 쓴 점이 주목된다. 이로써 그가 울릉도와 독도 두 섬을 지키고자 했던 목적을 분명히 했기 때문이다. 울릉도와 독도에 대한 정부차원의 대책이 미흡했던 시절, 안용복은 민간 외교사절로서 우리의 영토를 훌륭히 지켜냈다.

안용복의 활약은 이후 울릉도와 독도를 대하는 조선 조정의 태도에도 많은 영향을 주었다. 대마도주는 울릉도를 자기들의 영토라 주장하며 조선에 보낸 서계에 "죽도에 앞으로 조선 어부들이 오지 않게 하라."고 요구했다. 교활하게도 죽도가 조선이 지칭하는 울릉도라는 것을 알면서도 지명상

:: 안용복 충혼비

의 혼선을 주려 한 것이다. 지금이야 죽도다케시마를 독도라고 우기지만 당시에 일본인들에게 있어 죽도는 울릉도를 지칭한 것임을 잊어서는 안 된다.

이에 대하여 조선조정은 "독도에는 가지 않지만 울릉도는 엄연히 우리 영토인 것을 알아둬야 한다"는 답서를 보낸다. 대마도주는 답서에 울릉도라는 명칭이 들어 있는 것을 빼달라고 여러 차례 항의한다. 이것이 울릉도 쟁계鬱陵島爭界, 즉 일본 측에서 말하는 '죽도1건竹島一件'이다. 이 문제를 둘러싸고 조선조정과 대마도주 사이에 수십 차례에 걸쳐 문서가 오가고 한때 험악한 상황까지 다다랐다. 결국 이 사건은 에도 막부가 울릉도를 조선영토로 공식인정하면서 일단락된다.

이때의 울릉도 영유에 대한 논란과 울릉도를 차지하기 위한 일본의 야욕이 남구만의 『약천집』에 기술되어 있다. 결과적으로 숙종 대에 있었던 울릉도 분쟁은 고려시대 이후부터 일관되게 유지해 오던 공도정책에 변화를 촉구했다. 도서지역에 대한 수토정책의 변화로 조정은 섬에 수토사를 정기적으로 파견하였다. 수토사의 임무는 섬을 시찰하고 일본어부들의 불법어업을 차단하는 것이었다.

바다사자, 강치

독도침탈의 '행동대원'격인 시마네 현島根縣 사이트를 들어가 보면, '독도는 일본 영토竹島は日本の領土です'란 토픽이 앞에 뜬다. "배타적 경제수역 200해리 시대를 맞이한 오늘날, 다케시마 주변해역은 시마네 현뿐만 아니라 일본의 수산업 발전과 수산자원의 확보라는 관점에서 매우 커다란 가치

가 있다."고 독도의 수산자원적 가치를 강조하고 있다.

또한 "다케시마는 한국 측이 등대 · 감시초소 · 병영을 설치하고 경비원을 상주시키는 등 불법점령을 계속하고 있으며, 이 같은 상황에서 하루라도 빨리 다케시마(독도)영유권을 확립하고 안전한 조업권을 확보하기 위하여 한 사람 한 사람이 노력해야 한다."고 선동하고 있다.

지금은 사라졌으나 울릉도와 독도는 바다사자 강치의 서식지였다. 사이트에는 독도가 역사적으로 일본의 섬이었다는 것을 강조하기 위해 사진을 싣고 있는데 '다케시마에서의 강치조업'이란 제목이 달려 있다. 사진에는 세 명의 어민이 그물에 걸린 강치를 잡아 올리고 있는 잔인한 모습이 담겨 있다. 이 사진만 보아도 독도의 강치들이 멸종한 이유를 알 수 있을 것이다. 독도가 자신들의 땅임을 강조하기 위해 올린 사진과 글이 정작 본인들이 강치 멸종의 원흉이란 사실을 증명한다.

또한 독도영유의 정당성을 그들은 이렇게 밝히고 있다.

: : 독도에서의 일본인 강치조업사진

"1904년 오키 섬의 주민 나카이 요자부로中井養三郎가 다케시마에서 강치조업이 가능하도록 일본정부에 다케시마의 영토편입 및 대여를 청원했습니다. 이에 대해 일본 정부는

:: 1950년대까지 독도에 강치가 일부나마 살고 있었다는 증거

1905년 1월 28일 각료회의에서 이 섬을 정식으로 다케시마로 명명하고, 시마네 현 오키 섬 관할로 결정했습니다."

독도에서 물개바위를 바라보노라면 귀엽기만 한 강치 생각에 마음이 찡하다. 독도 앞바다를 유유히 헤엄치며 평화롭게 살았을 강치들. 한말의 혼란스런 정세는 우리에게만 비극적 역사의 예고편이 아닌 강치들 운명의 비극적 결말이었다. 수만 마리 하얀 강치들이 일본업자들에게 학살당하고 기름이 짜져서 씨가 말랐다. 그 학살의 책임은 과연 누가에게 있겠는가!

등 대

태하 등대

'울릉도 등대 1번지'인 태하 등대는 황토구미 위쪽 곶에 자리 잡았다. 태하 등대는 울릉도에 세워진 첫 번째 등대로 '울릉도항로표지관리소'가 공식명칭이다. 울릉도등대라 부르기도 하는데 울릉도항로표지관리소란 공식명칭과 등대라는 이미지가 합쳐진 명칭인 듯하다. 하지만 오랜 동안 '태하 등대' 라 불리어진 만큼 제대로 호칭해 주는 것이 옳다.

일본은 러 · 일전쟁 때 독도에 목조등간을 세운 적은 있었으나 울릉도에 유인등대를 세우진 않았다. 경제적으로나 군사전략적인 면에서 울릉도는 그다지 가치가 없었기 때문이다. 그래서 울릉도의 등대는 전적으로 해방 이후에 우리의 손으로 세워진 것들이다.

황토구미에서 소나무가 우거진 가파른 산비탈을 오르다 보면 산등성이에 나물밭이 일궈져 있다. 해안가에서 보았을 때는 이런 곳에 밭이 있으리라 상상하기 어렵다. 산에 올라야 비로소 울릉도의 면면을 제대로 볼 수 있다. 산등성이 길을 따라가면 동백과 후박나무, 마가목이 군락을 이루고 있다. 울릉도는 온화한 해양성 기후대라 동해안의 다른 지역에서 볼 수 없는 수종들도 숲을 이룬다. 그 아름다운 길의 끝에 등대가 있다.

등대는 해발 171m 고지에 위치해 있지만 정면에 해발 160m의 대풍령이 바람막이 역할을 한다. 대풍령은 '바람을 막아준다'는 이름답게 서북풍이 불 때면 두 팔을 벌려 온몸으로 바람을 맞아들이는 모습이다. 대풍령은 향나무가 원시림을 이룬 곳이기도 하다. 향나무는 보통 2m 이상 자라는 큰 수종인데 이곳의 향나무는 바람 탓인지 대풍령에 닥지닥지 붙어있는 듯 보인다. 통구미 향나무 자생지(48호)와 더불어 천연기념물(49호)로 지정되어 있다. 해풍에 시달리며 간신히 바위에 뿌리를 박고 수백 년을 견뎌온 강인함이 진한 향내로 풍겨난다. 눈길을 옆으로 돌리면 현포 쪽의 송곳바위와 민가의 불빛이 아련하다.

태하 등대의 등탑은 백색 원형콘크리트 구조로 높이는 7.6m이다. 대형 등명기에서 쏘아낸 빛은 40km까지 나아간다. 울릉도에서 최단거리에 있는

∷ 태하 등대

죽변이 80km 거리니까 절반쯤 오면 등대 불빛이 보인다.

태하 등대의 불빛은 여객선, 화물선, 어선의 길잡이가 된다. 육지 쪽에서 오는 배들을 서쪽에 붙은 태하 등대의 불빛이 제일 먼저 맞는다. 어선들은 먼 곳에서부터 온다. 울릉도 배는 물론이고 경상도 구룡포, 강원도 속초배까지 한여름에는 육지에서도 보일 정도로 불야성을 이룬다. 겨울부터 봄까지 대화퇴로 나가는 배들도 태하 등대를 좌표삼아 돌아나간다.

태하 등대에는 광파는 물론이고 음파, 전파DGPS, 선박 식별AIS, 게다가 환경부와 해양연구원KORDI에서 위탁을 받은 대기오염측정기, 기상대의 기상예측, 심지어 통신업체들이 세운 중계탑까지 서 있다. 첨단장비들이 많다 보니 사무동옥상에는 감시용 CCTV까지 설치하였다. 첨단장비들이 태하 등대에 몰려 있다는 것은 이곳이 그만큼 전략적 · 지정학적으로 중요한 위치임을 말한다.

행남 등대

행남 등대는 공식적으로는 '도동항로표지관리소'이나 울릉도 사람들은 행남 등대라고 부른다. 행남 끝단의 행남말(등고 108m)에 위치해 있다. 1954년 12월 무인등대를 설치하여 운영해오다가 독도 근해 조업선박이 증가하자 1976년 6월 유인등대로 바뀌었다.

행남 등대가 있는 행남은 도동과 저동 사이에 위치한 해안촌락으로 울릉도에서 가장 동쪽에 있다. 겨울에도 살구꽃을 볼 수 있을 정도로 따뜻하다. 마을 어귀에 큰 살구나무가 한 그루 있었다 하여 행남杏南이란 지명이 붙었다. 지형이 뱀의 입처럼 생겼다 하여 살구남蛇口南이라고도 한다.

도동항에서 내리면 아찔할 정도로 가파른 해변을 끼고 행남해안도로가 나 있다. 가로등도 있고 사람만이 다닐 수 있는 호젓한 해변길이라 여름철에는 제법 붐빈다. 대개의 해안도로가 '차 중심' 인데 이곳만은 찻길을 놓을 수 없는 환경 때문에 부득이하게 인도만 있다. 바다를 편안하게 조망할 수 있는 제대로 된 인도지만 이 아름다운 길이 아직은 널리 알려져 있지 못하다. 세인의 눈에서 빗겨난 길을 찾는 것도 진정한 여행의 묘미라 하겠다.

행남도로 끝부터는 산길이다. 20여 분 오르다 보면 노란 너도머위가 한겨울에도 초록빛을 뽐낸다. 아름드리 해송과 터널을 이룬 시누대숲이 그 뒤

∷ 행남에서 본 울릉도 전경

∷ 행남 등대 원경

를 이어 펼쳐진다. 예전에는 섬초롱꽃, 만병초, 울릉국화, 섬백리향 등의 야생초가 등대 주변에서도 흔했다고 한다. 그러던 것이 손을 타면서 멸종되고 성인봉 일대의 보호구역에서만 자란다.

등롱의 문을 열고 나서면 울릉도 최대의 어업전진기지인 저동항이다. 오징어배를 따는 아주머니들이 새벽부터 진을 친 물양장, 이제 막 귀환하는 오징어배, 촛대바위 따위의 긴 그림자 등이 한눈에 들어온다. 청명한 날에는 등탑에서 정동 쪽으로 독도도 볼 수 있다.

울릉도의 바다 풍경을 볼 수 있는 곳으로 몇 군데를 꼽으라면 단연 행남 등대에서 굽어본 바다풍경일 것이다. 행남 등대 앞은 바로 낭떠러지다. 그곳에 서면 후박나무, 동백나무가 주목을 이룬 천연림이 눈앞에 펼쳐진다. 날이 어두워지면 저동 앞바다에는 숲 그늘이 드리워지고 등대 불빛이 바다를 비춘다. 어두운 밤바다를 밝히며 출어하는 오징어잡이 배들. 망망한 바다 한가운데서 밤을 지새운 배들이 항구로 돌아올 때쯤이면 행남 등대의 불빛도 사위어 간다.

행남 등대는 어민의 등대이다. 행남 등대의 역할이 더 중요해진 이유는 바로 독도 때문이다. 죽도를 곁에 끼고 독도로 빠지는 배들이 행남 등대를 좌표로 삼는다. 동쪽에 자라잡아 독도 연근해로 출어하는 어선들이 주로 이용한다. 한여름에는 오징어잡이 배의 길을 열어주고, 봄철에는 한치잡이 배들의 뱃길을 밝힌다.

독도 등대

등대의 역사는 제국주의의 수탈역사와 무관하지 않다. 제국주의 국가들이 식민지에서 수탈한 물자를 자국으로 옮기는 데 배만한 수단이 없었다. 밤에도 배를 움직이려면 등대는 절대적으로 필요한 시설이다. 이 당시에 등대는 모두 제국들의 경제적 · 군사적 목적으로 세웠다고 봐야 할 것이다. 우리나라 해안에도 일본제국주의의 뱃길을 밝히기 위해 만들어진 등대가 많다.

독도라고 이런 뼈아픈 역사에서 예외일 수는 없다. 독도에 최초의 무인 등대를 설치하기 이전인 1905년에 이미 독도에 등대를 겸한 망루가 설치된 역사가 있다. 일본해군과 러시아 발틱 함대는 울릉도와 독도 근해에서 심각한 전투를 벌였다. 사정이 다급해진 일제는 독도에 목조 망루를 설치하고

ⓒ주강현

: : 독도 등대 전경

군함들이 항로를 찾도록 불을 밝혔다. 조선의 영토를 무단으로 점령하여 전쟁에 이용한 것이다.

독도 등대는 1954년 8월에 첫 불을 밝혔다. 한국전쟁 이후에 오징어배의 출어가 활발해지면서 조업안전을 위하여 등대를 세운 것이다. 한국전쟁이 1953년에 휴전인 상태로 끝나고 전쟁의 상흔을 지우기에도 급급하던 상황이었다. 그런 상황에서 무인등대라고는 하지만 등대건설은 조속히 이루어졌다. 그만큼 독도를 둘러싼 한일관계가 급박하게 진행되었기 때문이다.

한국전쟁이 벌어지자 일본은 노골적으로 독도 침략을 감행한다. 전쟁의 혼란을 틈타 1953년 6월 25, 27, 28일 3회에 걸쳐서 독도에 상륙하여 위령비를 파괴하고, 독도에 일본영토 표시까지 한다. 이에 대한민국 국회는 동년 7월 8일에 일본의 독도 침범에 대한 결의문을 채택하였다. 경북 도의회도 항의결의서를 채택한다. 7월 12일 독도의용수

:: 독도 등대 부조

비대는 독도에 접근하는 일본 해상보안청 소속 순시선 PS9함을 발견하고 경기관총으로 집중 사격해 격퇴하였다. 1953년 9월 17일 오전 9시, 일본 수산시험청 소속 선박 1척이 독도 수역에 침입하였으며, 같은 날 12시 30분경 수산시험관을 포함한 일본 관리들이 독도에 상륙한다.

1954년 5월 18일 한국정부에서 관리들과 석공을 파견하여 일본인들이 만들어놓은 표지판을 철거하고 섬 남동쪽 절벽바위에 '韓國領' 경상북도 울릉군 남면 독도이라는 문자와 태극조각을 넣어 대한민국 영토표지를 한다. 일본은 해상보안청 소속 순시선 츠루가 호와 나가라 호, 쿠쥬루 호를 파견하였으며, 오키 호는 서도 북서쪽까지 접근하다가 해안경찰대로부터 약 10여 분간

©주강현

: : 독도(동도) 정상의 태극기

600여 발의 총탄세례를 받고서야 물러선다.

1954년 8월 10일에야 비로소 독도 등대가 세워진다. 1954년 9월 15일에는 독도를 전경으로 3종의 우표도 발행된다. 일본은 독도 침탈을 위해 군사행위도 불사했고 이런 긴박한 상황 속에서 독도 등대가 설치된 것임을 알 수 있다.

오징어

저동苧洞은 울릉도 오징어의 대명사다. 촛대바위 너머로 여명이 밝아오면 어판장은 이내 시장판으로 바뀐다. 수협 직원들이 종을 치며 입찰에 바쁘다. 배에서 막 내려진 고기 상자가 칸칸이 쌓여 입찰에 부쳐진다. 중개인이 적어낸 팻말에서 최적 가격을 찍어낸다. 입찰이 끝나면 그 자리에서 상자를 뒤집어 오징어를 바닥에 쏟는다. 이때를 기다렸던 '오징어아지매'들이 달려들어 오징어 다듬기에 나선다. 이렇게 다듬어진 오징어를 대꼬챙이에 스무 마리씩 꿰어 한 축을 만든다. 물에 씻어 수레에 실은 뒤 덕장으로 운반하면 아지매들의 어판장 작업은 끝난다.

한 마리의 건오징어가 소비자에게 팔리기까지 꽤나 복잡하고 긴 공정을 거쳐야 한다. 할복, 대나무 꿰기, 씻기, 덕장 운반과 널기, 젖혀진 귀 뒤집기, 뭉친 오징어다리 떼어 보기 좋게 만들기, '탱'이라 부르는 대나무로 심을 박아 맵시 잡기, 스무 마리씩 축 엮기, 냉장실 입고, 배에 싣고 내리기, 차에 싣고 내리기 등 여러 과정을 모두 거쳐야만 비로소 소비자의 손에 들어간다.

오징어 하면 이구동성으로 울릉도 오징어를 꼽는다. 울릉도 오징어의 맛이 타 지역의 것보다 월등한 이유는 습도와 기후, 바람 때문이다. 30여 시간 바짝 말린 오징어나 12시간 정도 살짝 말린 '피데기'나 할 것 없이 살이 도톰하여 씹는 맛부터 다르다.

울릉도 오징어 중에서도 해변 몽돌밭에 빨래처럼 널어서 태양 반사열로 말린 '태하동 오징어'를 최고로 친다.

오징어는 울릉도민들에게 생계 그 자체이다. 오징어가 흉년이면 섬 전체가 보릿고개이고, 오징어가 풍년이면 섬 전체가 흥청거린다. 그러나 오징어잡이 역사는 백 년 안팎으로 그리 오래지 않다. 오래 전에도 오징어를 잡았겠지만 상업적으로 오징어잡이를 한 역사는 1세기를 넘지 않는다.

울릉도 개척은 조선조 고종 19년(1882)의 개척령 반포에 이르러서야 공식 윤허된다. 개척민들은 초기에 산채를 캐어먹고 농사를 지으면서 살아갔다. 하지만 척박한 땅은 논농사에 적당하지 않아 주로 밭농사 위주였다. 그들은 바다로 눈길을 돌렸다. 울릉도에서 조금만 배를 타고 나가도 물고기가 지천이던 시절, 가장 그물에 많이 걸려오는 것이 오징어였다. 차츰 차츰 오징어가 섬의 주 수입원이 되어 갔다.

30여 년 전, 오징어가 지천일 때는 대나무에 낚시를 매달아 찍어 올리는 이른바 '찍낚시'로도 오징어를 퍼담았다. 무리지어 움직이는 오징어떼로 바다가 눈밭처럼 희게 빛났다 한다. 심지어는 낚시가 내려가지 않을 정도로 많았던 적도 있다고 나이 든 어민들은 추억한다.

울릉도의 뗏목, '테우'를 타고 오징어를 잡다가 두세 명이 타는 '강꼬' 배를 거쳐, 채낚기 배가 사용되고 있다. 처음에는 나무물레를 돌리는 물레

치기로 잡았으나 자동조절기가 등장하면서 20여 명 분의 일을 거뜬히 해내고 있다. 어로 기술에는 유난히 일본어의 잔재가 많이 남아 있다. 울릉도민들이 바다를 생계의 터전으로 삼기 이전부터 일본은 울릉도 근해에서 어업을 해왔다. 일본의 무단어획에서 자의반 타의반으로 영향을 받았음을 알게 해주는 대목이다.

오징어는 밤을 좋아한다. 낮에는 100-200m 수심에서 놀다가 밤에는 수면으로 떠오른다. 오징어는 불빛을 좋아하는 추향성에다 전진과 후퇴만 아는 직진성 어류다. 그래서 오징어채낚기에는 미끼가 따로 필요없다. 불빛만 보면 미끼인 줄 알고 직진해 달려든다. 늦여름부터 겨울이 오기 전까지 밤마다 바다는 온통 전등빛으로 빛의 향연을 벌인다. 동해에서는 일상적인 모습이나 처음 보는 사람에겐 진풍경이다. 죽도에서 독도 방향으로 난 빛의 행렬은 까마득히 늘어서 '바다의 도시' 같다.

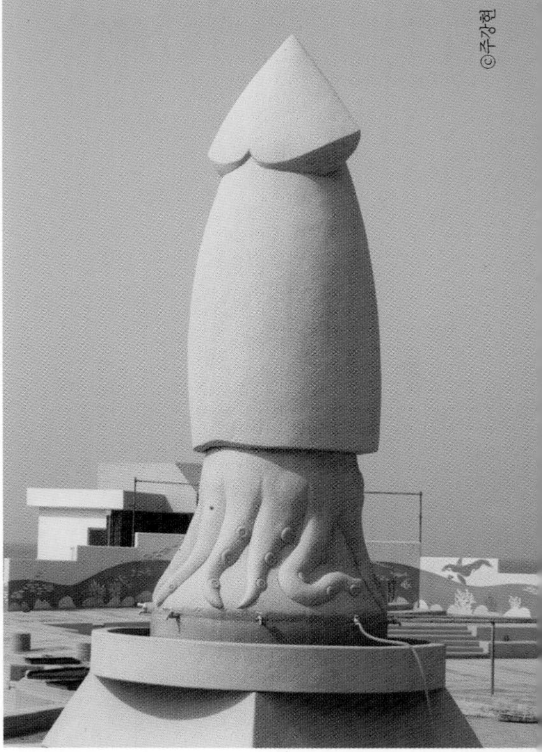

:: 오징어기념탑

저동항의 오징어 손질

오징어 말리기

울릉도 오징어

:: 저동 등대 가는 길

독도 · 울릉도 역사 문화 연표

460~200만 년전 용암 분출로 화산섬 독도가 만들어지다.

기원전 1000-300년 청동기시대에 최초의 거주지가 조성되다.

246년 『삼국지』「위지」 동이전의 '동해의 섬' 기록은 울릉도를 뜻하다.

414년 고구려 광개토대왕의 비문에 '동해'란 명칭이 처음으로 등장하다.

512년 이사부 장군의 정벌로, 우산국이 신라에 속하게 되다.

930년 우산국에서 고려조정에 사신을 보내다.

1018년 동북여진의 떼도둑이 우산국을 들이치고 이어서 일본 규슈를 습격하다.

1031년 울릉성주가 그의 아들 부어잉다링을 고려조정에 파견하여 토산물을 바치다.

1059년 고려 조정에서 울릉도에 신하를 보내 정황을 보고케 하다.

1157년 고려 조정에서 울릉도 주민들을 이주시킬 계획을 짜다.

1246년 사람을 보내어 울릉도의 나무를 베어 오다. 울릉도 나무를 팔만대장경 판목에 사용하다.

1260년 울진 현령 박순이 울릉도로 도망치려고 하다.

1379년 고려말의 왜구 때문에 울릉도 주민들을 소개시키다.

1416년 조선 태종이 섬을 비우게 하는 공도 정책을 펴다.

1454년 『세종실록지리지』에 독도가 조선의 영토임을 밝히다.

1476년 함경도 사람 김자주가 삼봉도에서 강치를 발견하다.

1530년 『팔도총도』와 『신증동국여지승람』에 울릉도와 독도를 그려 넣다.

1693년 안용복이 일본으로부터 울릉도가 우리 땅이라는 다짐을 받다(안용복 1차도일).

1694년 안용복 2차도일하여 울릉도가 조선영토임을 다시 다짐받다.

1849년 리앙쿠르 호가 독도를 '리앙쿠르'라고 자기들 식으로 명명하다.

1859년 200여 년 지속된 제한적 관리정책을 포기하고 울릉도를 본격 관리하기 시작하다.

1873년 일본상인 다게시마 이치가쿠가 울릉도가 무인도인 줄 잘못 알고 '송도개척의견서'를 제출하다.

1881년 고종이 울릉도 개척령을 반포하다. 그 해에 일본 외무성은 『죽도고증』이란 책을 발간하고 독도가 일본 국경 바깥임을 스스로 명시하다.

1882년 고종은 이규원을 울릉도감찰사로 임명하여 독도가 울릉도 소속임을 조사케 하다.

1883년 울릉도에 불법진출한 일본인을 철수시키고 울릉도 · 독도 개척정책으로 전환하다. 그 해 4월에 '울릉도개척단'이 공식적으로 진출하다(16호 54명).

1898년 울릉도를 지방관제로 공식 편입하다.

1900년 울릉도 시찰위원을 파견하고, 대한제국 정부의 칙령 41호로 울릉도를 울릉군으로 승격시키다.

1905년 일본 시마네 현이 독도 편입을 발표하다. 그 해에 조선에 통감부가 설치되어 외교권이 박탈되다.

1906년 강원도 관찰사의 보고서에서 '독도' 명칭을 처음 사용하다. 울릉군을 경상남도에 속하게 하다.

1910년 일제에 의하여 강제로 병합당하다.

1914년 경상남도에서 경상북도로 소속을 바꾸다.

1929년 국제수로기구IHO에서 '동해'를 '일본해'로 공식화하다.

1945년 일제로부터 해방되다.

1948년 독도 어민들이 훈련중이던 미국 공군의 총격으로 희생되다.

1950년 한국전쟁이 발발하다.

1953년 한국전쟁이 휴전에 돌입하다.

1954년 일본인들이 독도로 침투하자 홍순칠이 독도수비대를 조직하다.

1954년 독도 우표를 처음으로 발행하다.

1956년 국립 경찰의 독도경비대가 독도를 지키기 시작하다.

1962년 일본외상 오히라와 한국의 김종필 중앙정보부장이 비밀리에 회동하였을 때,일본측은 독도를 차라리 폭파시켜 지구상에서 없앨 것을 제의하다.

1980년 독도 최초의 주민 최종덕이 살기 시작하다.

1982년 '독도 해조류 번식지'를 천연기념물로 정하다.

1983년 독도수비대 30주년 기념으로 정상에 태극기를 설치하다.

1996년 배를 댈 수 있는 접안 시설을 축조하기 시작하다.

1997년 울릉도에 독도박물관을 설립하다.

2000년 '독도리'를 처음으로 설정하다.

2003년 독도에 우편번호(799-805)가 생기다.

2005년 일본이 '다케시마의 날'을 선포하다.

2006년 경상북도 의회가 최초로 독도에서 회의를 개최하다.

참고문헌

⋘ 독도의 자연환경과 생태계

고은, 『독도』(창비시선 128), 창작과 비평사, 1995, 148쪽.

권문상 · 송원호 · 김웅서 · 최춘일, 『아름다운 섬 독도』, 해양수산부, 2000, 176쪽.

김우관, 「울릉도와 독도의 지형」, 『울릉도 및 독도』(자연실태종합보고서 제10집), 사단법인 자연보호중앙협의회, 1996, 31-55쪽.

김웅서, 「독도 주변 해역의 생태계」, 『독도 인근 해역의 환경과 자연적 가치』, 독도해양수산연구회, 2003, 145-172쪽.

김태정, 『독도의 육상 식물 생태 현황』, 독도해양수산연구회, 2003, 213-234쪽.

손영관 · 박기화, 「독도의 지질과 진화」, 『지질학회지』 30, 1994, 242-261쪽.

이수광 · 박혜숙, 『독도의 해저지형』, 사단법인 한국자연보존협회, 1981, 237-246쪽.

자연보호중앙협의회, 『울릉도 · 독도』(자연실태종합학술조사보고서 제10집), 1996, 660쪽.

한국자연보존협회, 『울릉도 및 독도 종합학술조사보고서』, 삼화인쇄, 1981, 294쪽.

한국해양연구소, 『독도 생태계 등 기초조사 연구』, 해양수산부, 2000, 1033쪽.

한국해양연구원, 『독도 해양생태계 조사연구』, 해양수산부, 2005, 400쪽.

한국해양연구원, 『독도의 지속가능한 이용연구』, 해양수산부, 2007, 800쪽.

⋘ 독도의 국제해양법상 지위

各觀察道案 第1册, 報告書號外: 신용하 편저, 『독도 영유권 자료의 탐구』 제2권, 독도연구보전협회, 1999, 172쪽.

김병렬, 『독도논쟁, 독도가 우리 땅인 이유』, 다다미디어, 2005, 110쪽.
김영구, 「동해에 있어서 한 · 일간의 EEZ 경계획정에 관련한 해양법협약 제121조 제3항의 해석과 적용」, 『서울국제법연구』 3권 1호, 1996, 54-59쪽.
김영구, 『현대해양법론』, 1988, 250쪽.
김현수, 「독도의 해양법상 지위」, 『해양전략』 제93호, 134-35쪽
문정식, 「해양경계획정에 있어서 해양법상 도서의 지위」, 『해양정책연구』 제1권 제1호(1986년 겨울), 98쪽.
박관숙, 「독도의 법적 지위에 관한 연구」, 연세대학교 박사학위 청구논문, 1968, 45쪽.
박종성, 「경제수역기선으로서의 독도에 관한 연구」, 『국제법학회논총』 제23권 1 · 2호 합병호, 1978, 127-128쪽.
『邊例集要』, 권17, 국사편찬위원회판, 하권, 510쪽.
세종실록지리지 권 제153 강원도 울진현조.
숙종실록 권27, 숙종 20년 8월 乙酉條.
신용복, 『독도영유권에 대한 일본주장 비판』, 2001, 214쪽.
신용하 편저, 『독도영유권자료의 연구』, 제3권, 241-242쪽.
신용하, 『독도영유권에 대한 일본주장 비판』, 2005, 167쪽.
유병화, 『국제법 I』, 1990, 478쪽.
『隱州視聽合記』 권1, 國代記部; 川上建三, 50쪽.
일본 해군군사령부, 『극비 明治 37-8년 해전사』 제4부, 93-94쪽.
일본외무성조사부 편, 일본외교문서 제2권 제3책 문서번호 574, 1869년 11월 1일자.
일본정부편, 「公文類聚」 제29편 권1; 독도영유권자료의 탐구 제2권, 280-281쪽.
川上健三, 『竹島の歷史地理學的硏究』(東京: 古今書院, 1966), 70-71쪽.

한국해양수산개발원, 「한 · 일어업협정과 독도에 관한 세미나」, 2001, 13쪽.

한겨레신문, 「한 · 일어업협정 평가」, 1998년 9월 26일자 제3면.

헌법재판소 판례(99헌마139, 142, 156, 160〈병합〉).

A. D. Couper and H. D. Smith, "The Development of Fishermen-Based Policies," *Marine Policy*, Vol.21, No.1, Jan.1997, 114쪽.

C. R. Symmons, *The Maritime Zones of Islands in International Law*, 1979, 4쪽.

I. Brownlie, *Principles of Public International Law*(Oxford; Clarendon), 1990, 131쪽.

Imperial Conference 1923, *Report of Inter-Departmental Committee on the Limits of Territorial Waters*, 5쪽.

Land, Island and Maritime Frontier Dispute(El Salvador Honduras, Nicaragua Intervening), I.C.J. *Reports 1992*, Para. 401, 348-368.

Maritinme Delimitation and Territorial Questions between Qatar and Bahrain, I.C.J. Judgement, 16 March 2001, Para. 205-9.

Minquiers & Ecrehos case, *I.C.J. Reports* 1953, 58-69쪽.

N. Papadakis, *The International Regime of Artificial Islands*, 1977, 91쪽.

R. D. Hodgson, "Islands: Normal and Special Circumstances," *Law of the Sea: Emerging Regime of Oceans*, 1974, 150-151쪽.

R. D. Hodgson and R. W. Smith, "The Informal Single Text(Committee II): A Geographical Perspective," *3 O.D.I.L.*, 1976, 230쪽.

R. R. Churchill and A. V. Lowe, *The Law of the Sea*, 1983, 125쪽.

≪≪ 독도 · 울릉도 기행

『강원도관초』(1886-1895).

『고려사』 권12 지리지 울진현.

국립해양조사원 멀티빔 측량자료(1996~1997년).

국립해양조사원 측량자료(2000년); 관련 해도 No.179-1.

『독도 천연보호구역 학술조사』, 울릉군, 2004, 29-34쪽.

『동아일보』, 1928.9.6.

『동여비고』, 1682, 경북대학교 소장자료(『독도자료실 자료해제집』, 해양수산부, 2004, 75-76쪽).

『변례집요』 권17 울릉도조.

송병기, 『울릉도와 독도』, 단국대출판부, 1999, 9-10쪽.

『藥泉集』, 규장각소장(『한국문집총간』 재수록, 경인문화사).

『울릉도 지표조사 보고서』 I , 서울대 박물관, 1997, 13쪽.

이근택, 『조선 숙종대 울릉도분쟁과 수토제 확립』, 국민대대학원석사학위논문, 2000.

주강현, 『독도견문록 — 울릉도에서 시마네 현까지』, 웅진지식하우스, 2008.

주강현, 『등대』, 생각의 나무, 2007; 주강현, 『등대여행』, 생각의 나무, 2007.

주강현, 『적도의 침묵』, 김영사, 2008.

주강현, 『제국의 바다 식민의 바다』, 웅진지식하우스, 2005.

川上健三, 『竹島の歷史地理學的硏究』, 古今書院, 1966.

최영선, 『자연사기행』, 한겨레신문사, 1995, 220-221쪽.

N.Chomsky, "Year 501,The Conquest Continues," 1993(『507년, 정복은 계속된다』), 오애리 역, 도서출판 이후, 21쪽.

http://www.pref.shimane.jp/.